第2版

Pythonによる
あたらしい データ分析の
教科書

寺田 学、辻 真吾、鈴木 たかのり、福島 真太朗 | 著

JN074359

本書内容に関するお問い合わせについて

このたびは翔泳社の書籍をお買い上げいただき、誠にありがとうございます。
弊社では、読者の皆様からのお問い合わせに適切に対応させていただくため、以下のガイドラインへのご協力をお願い致しております。
下記項目をお読みいただき、手順に従ってお問い合わせください。

● ご質問される前に
　弊社Webサイトの「正誤表」をご参照ください。これまでに判明した正誤や追加情報を掲載しています。

　正誤表　https://www.shoeisha.co.jp/book/errata/

● ご質問方法
　弊社Webサイトの「刊行物Q&A」をご利用ください。

　刊行物Q&A　https://www.shoeisha.co.jp/book/qa/

　インターネットをご利用でない場合は、FAXまたは郵便にて、下記翔泳社愛読者サービスセンターまでお問い合わせください。電話でのご質問は、お受けしておりません。

● 回答について
　回答は、ご質問いただいた手段によってご返事申し上げます。ご質問の内容によっては、回答に数日ないしはそれ以上の期間を要する場合があります。

● ご質問に際してのご注意
　本書の対象を越えるもの、記述個所を特定されないもの、また読者固有の環境に起因するご質問等にはお答えできませんので、予めご了承ください。

● 郵便物送付先およびFAX番号
　送付先住所　〒160-0006　東京都新宿区舟町5
　FAX番号　　03-5362-3818
　宛先　　　　㈱翔泳社 愛読者サービスセンター

※本書に記載されたURL等は予告なく変更される場合があります。
※本書の出版にあたっては正確な記述につとめましたが、著者や出版社などのいずれも、本書の内容に対してなんらかの保証をするものではなく、内容やサンプルに基づくいかなる運用結果に関してもいっさいの責任を負いません。
※本書に掲載されているサンプルプログラムやスクリプト、および実行結果を記した画面イメージなどは、特定の設定に基づいた環境にて再現される一例です。
※その他、本書に記載されている会社名、製品名はそれぞれ各社の商標および登録商標です。
※本書の内容は、2022年9月執筆時点のものです。

PREFACE # はじめに

　本書を手に取っていただきありがとうございます。本書は、多くの方に手に取っていただいた初版のコンセプト「データ分析の学び始めに手頃な解説本」はそのままに、第2版として各種ツールの最新バージョンに対応しました。

　初版が発売された2018年当時、Pythonを使ったデータ分析の基本的なツールと分析に必要な数学の解説本がないと感じたことから、共著者の協力を得て出版されました。時が進み、Pythonでデータ分析や機械学習を行う方が増えたと感じています。一方で、初学者にとって、各種ツールをどこから学んだらよいか、数式との向き合い方はどうすべきかという課題はまだ残っているとも思います。

　本書は、Pythonのデータ分析ツールおよび分析に必要な数学知識を幅広く学べる教科書です。教科書としてデータ分析に必要な情報を提示し、簡潔に説明しています。必要最低限の知識の習得に本書を活用いただき、本書でカバーしきれない内容は、それぞれの公式ドキュメントや他の書籍に委ねることとしています。

　対象読者は、データ分析エンジニアを目指している方で、Pythonをある程度理解しているエンジニアとなります。Pythonをある程度理解しているとは、Python公式のチュートリアルを読み理解できるレベルにあることと定義し、本書ではPythonの文法や仕様を必要最低限の紹介にとどめています。ツールの使い方として、まず、NumPyやpandasを使って、データ分析において重要なデータの取り扱い方を学びます。次に、Matplotlibでデータを可視化し、最後に、scikit-learnを用いて機械学習の分類や予測が実行できるようになります。また、ツールの使い方以外に数学の基礎的な解説も含まれています。データ分析や機械学習を実務で行うためには、数学の知識も必要です。数式を読むことから始め、数式の理解ができるように解説されています。さらに、実際にデータ分析を行うにはデータの収集や、データ分析が可能な形式に変換し処理することも重要です。そこで、Webスクレイピング、自然言語処理、画像処理の簡単な解説を掲載しています。

　本書を通してデータ分析を統合的に学び、データ分析エンジニアとして活躍できる第一歩を踏み出せることを期待しています。

2022年9月 著者代表 寺田 学

PREFACE 謝辞

　本書の初版時は無茶なスケジュールを押し通しての執筆、レビュー、校正作業でした。その時の経験はいまでも忘れることができません。さらに、初版時には多くのレビューアーに査読をお願いし、素晴らしい本ができたと思います。第2版を発刊できる運びとなったのは、執筆者、レビューアー、出版社のみなさんのおかげだと感謝しています。

　共著者として、辻 真吾さん、鈴木 たかのりさん、福島 真太朗さんには、初版と同じパートを担当いただくことができました。快く第2版の共著者となっていただいたことに感謝しております。

　初版を見直し、より良い改訂ができたのではないかと確信しております。関係者のみなさん、ご協力いただき誠にありがとうございました。

著者代表 寺田 学

INTRODUCTION 本書の対象読者と構成について

◎ 本書の対象と構成について

　本書は、Pythonを利用したデータ分析の入門書です。Pythonのインストールから、数学の基礎、各種ツールの使い方、データの処理まで幅広く解説します。構成の詳細はP.viの目次を確認してください。

◎ 対象読者

　データ分析エンジニアを目指している方で、Pythonをある程度理解しているエンジニアの方を対象としています。

◎ Python 3 エンジニア認定データ分析試験について

　本書は、Pythonエンジニア育成推進協会が実施している、「Python 3 エンジニア認定データ分析試験」の主教材となっております。試験の詳細は、巻末（P.325）を参照してください。

◎ 本書の実行環境

本書で使用しているOSや各種ツールのバージョンは下記の通りです。

OS

・Windows 10、11　　・macOS Monterey

各種ツール

・Python 3.10.6　　　・Matplotlib 3.5.2　　　・JupyterLab 3.4.3
・NumPy 1.22.4　　　・scikit-learn 1.1.1　　　・pandas 1.4.2
・SciPy 1.8.1

◎ 付属データのご案内

付属データは、以下のサイトからダウンロードできます。

URL https://www.shoeisha.co.jp/book/download/9784798176611

※付属データに関する権利は著者および株式会社翔泳社が所有しています。許可なく配布したり、Webサイトに転載することはできません。
※付属データの提供は予告なく終了することがあります。あらかじめご了承ください。
※付属データに記載されたURL等は予告なく変更される場合があります。

◎ PyQとのコラボレーション

本書では、オンライン学習サービス「PyQ（パイキュー）」とのコラボレーションで、第4章の内容を復習できる問題を用意しました。

PyQは、株式会社ビープラウドが提供する有料のサービスです。コラボレーションキャンペーンを適用すると、対象の問題を3日間無料で体験できます。

キャンペーンの適用方法：以下のURLをクリックし、画面の案内に従って開始してください。体験するにはクレジットカードの登録が必要です。

URL https://pyq.jp/account/join/?pyq_campaign=pydatatext

※キャンペーンの提供は予告なく終了することがあります。あらかじめご了承ください。

◎ 免責事項について

付属データの記載内容は、2022年9月現在の法令等に基づいています。付属データに記載されたURL等は予告なく変更される場合があります。付属データの提供にあたっては正確な記述につとめましたが、著者や出版社などのいずれも、その内容に対して何らかの保証をするものではなく、内容やサンプルに基づくいかなる運用結果に関してもいっさいの責任を負いません。付属データに記載されている会社名、製品名はそれぞれ各社の商標および登録商標です。

2022年9月　株式会社翔泳社 編集部

CONTENTS

Chapter 5 応用：データ収集と加工 273

CHAPTER 1 データ分析エンジニアの役割

AIや機械学習分野でデータ分析エンジニアの役割に注目が集まっています。

本章では、データ分析エンジニアの役割や機械学習の流れ、ツールの概要を説明します。

1.1 データ分析の世界

ここでは、データ分析エンジニアの役割について、取り巻く状況を踏まえて説明します。

1.1.1 データ分析を取り巻く状況

DX推進やIoTデバイスの普及により、多くの情報がデジタル化され、膨大なデータが蓄積されています。さらに、政府のオープンデータ基本方針が発表されたことにより、政府や地方自治体から多くのデータが機械判読可能な形で無料で配布され、そのデータを自由に利用できるようになりました。

また、ある程度のデータであれば家庭用のPCで処理することが可能であり、かつ、非常に大きなデータを処理するための環境としてクラウドサービスも充実したおかげで、手軽に誰でもたくさんのデータを処理できる時代となりました。データ処理の応用例としては、売上予測や行動予測、画像認識などがあり、それらには、機械学習が多く用いられています。

機械学習にはデータが欠かせません。データをもとに事象の予測や分類を行っています。このため、本書で扱う「データ分析」が重要な技術になっています。

● **オープンデータ基本指針の概要**

URL https://www.digital.go.jp/assets/contents/node/basic_page/field_ref_resources/f7fde41d-ffca-4b2a-9b25-94b8a701a037/1dc6c99a/20220412_resources_data_guideline_01.pdf

データ分析から導き出されるもの

データ分析は幅広い分野で行われており、さまざまな用途に応用されています。例を挙げると、データ分析は工場の異常検知システムに活用が進んでいます。工場のシステムから出力される機器の温度変化や回転数などのデータをもとに異常の兆候を事前に発見する技術が作られています。他にも、広告出稿に対する価値評価や、天気予報にも利用されています。これらはデータを分析することで、傾向を掴むところから始まり、どのような要因があるのかを見つけ出し、さらには未知の事象を予測しようとしています。

また、深層学習（ディープラーニング）の技術は、大量のデータをもとに物体認識をしたり、自動翻訳などへの応用が進んでいます。

データ分析の世界は、実社会の課題を解決するためのツールとして可能性に満ちています。本書を足がかりとして、データ分析の手法を学び、必要な技術を1つずつ学習していきましょう。

◉ 1.1.2　データ分析とPython

本書は、データ分析に必要な技術をプログラミング言語Pythonを使って学んでいきます。

○ データ分析におけるPythonの役割

データ分析の分野において、プログラミング言語Pythonはデファクトスタンダードな存在になっています。そして、世界中の多くのデータ分析エンジニアがPythonを利用しています。

データ分析では、多くのデータに触れることとなります。分析では数値、テキスト、画像や音声といったデータを扱います。Pythonを用いてプログラミングすることで、これらのデータを分析が可能な形式に加工し、統計処理や機械学習を用いた予測などが行われています。

○ Pythonの特長

Pythonは汎用のプログラミング言語です。多くのユーザがおり、商用サービスにも利用されています。Pythonの特長は以下の通りです。

- 言語としての仕様がわかりやすい
- コンパイル不要な動的スクリプト言語
- 豊富な標準ライブラリと外部のパッケージ
- データ分析以外にも応用範囲が広い
- オープンソース

○ Pythonが得意とする分野

Pythonはデータ分析以外にも以下のようなさまざまな用途で活用されています。

- サーバ系ツール
- Webシステムの構築
- IoTデバイスの操作
- 3Dグラフィックス

Pythonは標準ライブラリが充実しており、外部のパッケージを利用しなくても多くの処理が実行できます。さらに、外部のパッケージを利用することで、よ

り多くの用途に利用できます。データ分析以外のさまざまな用途に応用できることも Python をデータ分析に使うメリットの1つとなります。

○ Python が苦手とする分野

以下のような分野では他のプログラミング言語の方が有利な場合があります。
- Web アプリなどのフロントエンド
- デスクトップ GUI
- 速度向上などのための低レイヤー処理
- 超大規模かつミッションクリティカルな処理

幅広い Python 活用の動きの中で、これらの分野への応用も始まっていますが、絶対的な優位性はありません。プログラミング言語には、向き不向きがあります。これらを知った上で Python を活用しましょう。

○ Python でデータ分析に使われるツール

Python には多くの標準ライブラリが揃っていますが、データ分析を行うには外部のパッケージの導入が必要です。データ分析に使われる主なパッケージは、JupyterLab、NumPy、pandas、Matplotlib、SciPy、scikit-learn となります。詳細は、本章 1.3 節「データ分析に使う主なパッケージ」（P.013）および第 2 章 2.1 節内の「2.1.3 pip コマンド」（P.020）を参照してください。これらのパッケージも Python と同様にオープンソースです。パッケージを活用し、Python でデータ分析を行っていきます。

○ Python 以外の選択肢

Python だけがデータ分析に向いているわけではありません。

データ分析の分野で Python とよく比較されるのが、R 言語です。R 言語は統計を中心に充実したライブラリが備わっており、手元の環境でデータ分析や機械学習を行うことに特化したオープンソースのプログラミング言語です。統計の分野においては Python よりも特化したツールが準備されていることがあります。しかし、Web への応用やサーバサイドで動作をさせるためには R 言語だけで解決できない問題もあります。

他の選択肢として、Microsoft Excel でもある程度のデータ分析ができます。GUI での操作が可能ですぐに使えるのですが、日々のデータ取り込みを繰り返し実行させるためには、VBA などでプログラミングをする必要があります。他には、Java やその他の汎用プログラミング言語でもデータ分析が行えます。これら

の言語を選択する場合、ライブラリの充実度や見本となるサンプルの量が少ない場合があり注意が必要です。

使い慣れた言語やツールでデータ分析を行うことは、最初のハードルを下げると思います。一方、Pythonは学ぶコストが低く、書きやすいプログラミング言語です。データ分析を学ぶ際に同時にPythonを学習することも容易だと思いますので、Pythonでのデータ分析に挑戦してみてください。

1.1.3　データサイエンティストとは

データサイエンティストは、数学、情報工学、対象分野の専門知識（ドメイン知識）の3つの分野の知識を総合的に持ち、データ分析またはデータ解析の一連の処理および理解・評価を行える立場の職種です。

● データサイエンティストの役割

より具体的にデータサイエンティストの役割を示すと以下のようになります。
- モデルやアルゴリズム構築
- 新たな解法や新技術への取り組み
- 解決したい課題に向き合う実務
- データとの向き合い方の提示
- 分析結果の評価

● 研究分野と実務の違い

データサイエンティストの役割は、研究分野と実務で多少の違いがあります。

研究分野においては、新たな解法や新技術への取り組みが重視されます。一方、実務においては、解決したい課題に向き合う部分が重視されます。研究分野と実務で求められていることが違うことを意識しましょう。

1.1.4　データ分析エンジニアとは

データサイエンティストに対して、データ分析エンジニアという職種の定義を行いたいと思います。

データ工学という学術分野があります。主に、情報工学を基盤にデータと向き合う分野とされています。データ工学はデータベース技術からデータの活用までデータに関わる幅広い分野に広がっています。本書では、データ工学を実践する1つの職種としてデータ分析エンジニアを位置づけています。

○ データ分析エンジニアが持つべき技術や知識

データ分析エンジニアが最低限持つべき技術としては、 表1.1 の4項目があります。

表1.1 データ分析エンジニアが持つべき技術

必要な技術	詳細	本書の対応
データの入手や加工などのハンドリング	データベースやファイルなどからデータを入手し、必要に応じて加工する技術	第4章4.1節 NumPy 第4章4.2節 pandas
データの可視化	データの特性をとらえグラフなどで可視化する技術	第4章4.3節 Matplotlib 第4章4.2節 pandasの一部
プログラミング	Pythonなどのプログラミング技術	第2章 Pythonと環境
インフラレイヤー	環境構築からサーバサイド、データ基盤を取り扱う技術	第2章 Pythonと環境の一部

次に、データ分析エンジニアが付加的に持つべき技術として、 表1.2 の3項目があります。

表1.2 データ分析エンジニアが付加的に持つべき技術

必要な技術	詳細	本書の対応
機械学習	機械学習の流れを理解し実行できる技術。アルゴリズムについての深い知識よりも、幅広い実行方法を知っていることが求められる	第4章4節 scikit-learn
数学	高校から大学初等レベルの数学の知識	第3章 数学の基礎
対象分野の専門知識〔ドメイン知識〕	データ分析を行う分野への知見	ー

● 1.1.5 データハンドリング（前処理）の重要性

データ分析を行う上で、データハンドリングは非常に重要な役割を持ちます。

機械学習においてはデータのハンドリングが業務の8割とも9割ともいわれています。データのハンドリングは前処理ともいわれ、データの入手や再加工、つなぎ合わせや可視化など、分析を行う上で何度も繰り返し実行します。データが不足していれば別のデータソースを探し、機械学習の方法によっては、データの正規化などの加工が必要な場合もあります。

1.2 機械学習の位置づけと流れ

データ分析の分野で注目を集めている機械学習について、その位置づけや処理の流れを解説します。

1.2.1 機械学習とは

　機械学習は大量のデータから、機械学習アルゴリズムによってデータの特性を見つけて、予測などを行う計算式の塊を作ります。この計算式の塊をモデルといいます。機械学習で予測などを行うためのモデルを作り、データのカテゴライズや数値予測を行っていきます。モデルを作るためには、入力するデータと、データを処理するアルゴリズムが必要です。

　データとアルゴリズムをもとに内部のパラメータを順次更新して、機械学習のモデルを作り上げていきます。このモデルから、入力したデータ以外の未知のデータで数値予測や、入力データの素性を知るためのカテゴライズなどができます。

1.2.2 データからモデルを作る

　複雑な機械学習アルゴリズムを用いずに予測を行う方法もあります。

　1つ目が、ルールベースといわれる手法です。

　この手法は、プログラミングの条件分岐の要領で、if文の条件を書いていくというアプローチです。

　例えば、店舗の1日の売上を予測する時に、明日は「日曜日」で「晴れ」なので、5万円の売上が見込まれるとか、明後日は「月曜日」で「雨」なので、3万円の売上になるだろうと見込みを立てることです。この例では2つの変数「曜日」と「天気」だけを利用して予測を立てました。パラメータが2つなので容易にいままでのデータをルール化することができます。ただし、パラメータの数を増やしていくと、ルールで記述するのが難しくなってきて、プログラミングできない量になってきます。

　2つ目が、統計的な手法です。

　この手法は、データから統計的な数値を求め、それらの数値に沿うように予測するアプローチです。

例えば、ある小学校の3年生の男子児童の50m走のタイムから平均と分散を求めておきます。そして、数人の小さな学校の同じ学年で同じ性別の児童の50m走の結果から、他の学校と比べた時の、この小さな学校の児童の予想順位を求めるというようなことです。学校単位ではなく全国の網羅的な数値を検証すれば、全国でのタイムのばらつきや順位が判明します。他には無作為に集めたサンプル（標本）のデータを使って、全国の児童の中の順位を予測することも可能です。これらの手法を統計的な手法での数値予測といいます。機械学習のアルゴリズムには統計的なアプローチを拡張して作られているものがあり、非常に親和性が高いアプローチとなります。

🔷 1.2.3　機械学習のタスク

　機械学習を用いて解決できる業務範囲は日々増えています。ここでは、業務範囲を機械学習のタスクとしてとらえ、タスクを行うための方式別に分類し解説します。
　機械学習を学習方式で分類すると以下の3種類に分類できます。
- 教師あり学習
- 教師なし学習
- 強化学習

◎ 教師あり学習

　教師あり学習（Supervised Learning）とは、正解となるラベルデータが存在する場合に用いられる方式です。
　正解ラベルとは、タスクとなる課題に対して目的となる値のことをいいます。つまりこの方式は、目的の値となるデータを持っていることが前提となります。正解ラベルである目的データが重要な意味を持ち、正解ラベル以外のデータをもとに正解または正解に近い値を予測することができる方式を教師あり学習と呼びます。
　正解ラベルである目的データを目的変数と呼びます。目的変数以外のデータは、目的変数を説明するためのデータとなることから、説明変数と呼びます。説明変数は、特徴データや特徴量などとも呼ばれています。
　機械学習の教師あり学習は、説明変数が目的変数をうまく予測するような、内部パラメータをコンピュータが求めることです。説明変数と目的変数の組み合わせが多いほど正解に近付くモデルとなります。
　教師あり学習は、目的変数の種類により回帰と分類の2種類に分けられます。

　回帰は、目的変数すなわち正解ラベルが連続値となります。機械学習によって連続値を予測するので、結果も連続値となります。例えば、売上金額を予測したり、気温を予測したりするというタスクになります。

　分類は目的変数がカテゴライズされているデータとなります。分類は、インフルエンザにかかっているかかかっていないかという二値分類や、動物の種類を予測するというような多値分類などがあります。重要な点は、目的変数が連続値でないということです。深層学習（ディープラーニング）で解析が行われる物体検出なども方式としては分類となります。

　教師あり学習には教師あり回帰と教師あり分類の2つの種類があることを理解しておきましょう。

◉ 教師なし学習

　教師なし学習（Unsupervised Learning）とは、正解ラベルを用いない学習方法です。

　正解ラベルがない状態で何を学習していくのかと疑問に思うかもしれません。教師なし学習では、データ間のそれぞれの特徴をもとに学習をします。

　教師なし学習では、主にクラスタリングや次元削減といったタスクを行います。

　クラスタリングは、与えられたデータの中からグルーピングを行っていきます。学校の成績と睡眠時間の2つのデータをもとに、3つにクラスタリングしてみるというようなことが行えます。一見、因果関係がなさそうに見えても、クラスタリングを行うことで、それぞれのクラスタの中では相関が見つかることがあります。クラスタリングは1度やって終わりということは少なく、データの種類を増やしたり、クラスタリングの数を変えたりして結果を見てみることになります。

　次元削減は、大量データの種類（説明変数の次元数）をより少ないデータの種類（次元数）で言い表す手法です。数千を超えるような説明変数をそのまま教師あり学習に掛けると、計算量が多くなり学習が進まない場合があります。このような場合に、主成分分析（P.249）などの手法を用いて次元削減を行うことで、計算しやすい数まで説明変数を減らすことが可能です。

◉ 強化学習

　強化学習（Reinforcement Learning）とは、ブラックボックス的な環境の中で行動するエージェントが、得られる報酬を最大化するような状態に応じた行動を学習していく手法です。近年研究から実用分野への応用が進んできている手法です。

将棋や囲碁のようなゲームのルールを環境として与え、勝ちにつながる行動により高い報酬を与えていき学習を進めていきます。他にもロボットが前に進めた場合に報酬を与え、最終的にはロボットがゴールにたどり着けるようになるというようなロボット工学の分野でも使われています。本書の範囲を超えていますので、詳しい説明は強化学習専門の書籍などを参考にしてください。

1.2.4 機械学習の処理の手順

ここでは、機械学習の処理でよく行われる手順を、教師あり分類を例に順番に説明します。

処理の流れを役割ごとに分割すると、以下の8項目になります。

- データ入手
- データ加工
- データ可視化
- アルゴリズム選択
- 学習プロセス
- 精度評価
- 試験運用
- 結果利用

これらの役割の流れは 図1.1 のフロー図のような順番になります。主に使うツールや技術も付記しています。

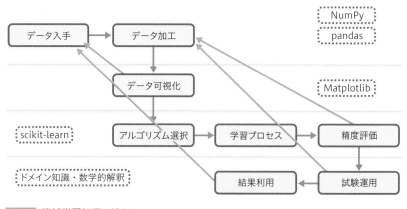

図1.1 機械学習処理の流れ

　処理の流れを簡単に説明します。各種ライブラリのより具体的な使い方や説明は第4章で行います。まずは流れを追うこととし、第4章を読み終えた段階でこの項に戻ってきて再確認することをおすすめします。

◎ データ入手

　機械学習はまず利用できるデータを探し、手に入れるところから始まります。データを入手したらまず、データの概要をとらえ、目的の機械学習に使えることを確認します。

　データの概要をとらえ、見やすい形に整えるには、NumPy、pandasが活用されます。

◎ データ加工

　入手したデータを初期加工していきます。データ型を整える場合や、複数のデータソースから入手したデータがある場合はこの段階で連結処理をしていきます。データの一部が不足している、いわゆる欠損値への対応もこの段階で行います。

　このパートの作業でも、前パート同様にNumPy、pandasが活用されています。

◎ データ可視化

　まとまったデータを、表やグラフなどで可視化していきます。機械学習できるようなデータが揃っているのかなど可視化ツールを使い確認します。

　このパートでは、可視化ツールMatplotlibが活用されています。統計値などの確認には、pandasが利用できます。

◎ アルゴリズム選択

　アルゴリズムを選択していきます。機械学習で最も難しい作業となります。この作業は、前パートまでの作業で行ったデータを確認し、目的およびデータに沿ったアルゴリズムを選択します。

　このパートでは、機械学習ツールキットのscikit-learnが多く活用されます。

◎ 学習プロセス

　アルゴリズムをもとにしてモデルを学習していきます。その際にアルゴリズム

にハイパーパラメータを設定します。ハイパーパラメータというのは、各アルゴリズムの実行に必要なパラメータのことで、機械学習ではアルゴリズムの選択とともにこのハイパーパラメータを適切に設定することが重要なポイントとなります。その後、学習データを使って学習を実行します。

このパートでは、前パート同様に scikit-learn が多く活用されます。

◯ 精度評価

学習済みモデルを使って予測を行っていきます。この時、学習に使ったデータと検証用に保持していたデータの両方で予測を行います。

予測結果を評価する際には正解率だけを見て結論を出してはいけません。分類タスクであれば混同行列（P.251）で確認したり、適合率や再現率などを確認する必要があります。

このパートでも、前パート同様にscikit-learnの各種機能が多用されます。

◯ 試験運用

ここまでは、既存のデータを使って学習済みモデルを構築してきました。結果の確認も既存のデータを使って行いました。

実際の評価となると、結果のわからない未知のデータでの実行が必要となります。モデルを作る段階では知り得なかったデータで試験運用を行い、最終的に評価を行っていきます。

評価の結果が思わしくない場合は、各プロセスを見直し、再実行をすることになります。これらの繰り返しがより良い結果を作っていくことになります。

評価はなるべく定量的な評価を行う必要があります。そのためには統計的な手法を使い数値化することが望まれます。

◯ 結果利用

試験運用の結果、実業務に利用可能な精度が確保できれば、学習済みモデルを保存し、実業務にモデルの予測結果を取り入れます。引き続き、予測精度の継続的な評価やデータを追加して学習を行うなどの運用が必要です。

未知のデータを入力し予測をするWebシステムを構築したり、毎日自動的に予測を行うシステムを構築したりと応用範囲が広がっていきます。

データ分析エンジニアの役割

1.3 データ分析に使う主な パッケージ

ここでは、データ分析に使う主なパッケージとその概要を紹介します。

1.3.1 パッケージとは

Pythonに機能を追加したり支援したりするためのものを外部のパッケージやサードパーティ製パッケージと呼びます。データ分析を行う上では、Pythonの標準ライブラリだけでは不十分です。しかし、データ分析を行う上でのサードパーティ製パッケージが豊富で、それらのパッケージを使いこなすことが、データ分析エンジニアになる近道となります。

サードパーティ製パッケージの導入は、第2章2.1節内の「2.1.3 pipコマンド」（P.020）の項で詳しく説明しています。

1.3.2 サードパーティ製パッケージの紹介

○ JupyterLab

JupyterLabは、Webブラウザ上でPythonなどのコードを実行できるサードパーティ製パッケージを用いた環境です。

ブラウザのフォームにPythonなどのコードを書くとその場で実行結果が表示されます。グラフもブラウザ内に表示されます。実行した順番と結果が同時に保存されますので、再実行も容易にできます。実行した結果は、.ipynbという拡張子で内部をJSONで保持しています。このipynb形式のファイルをGitHubを始めとしたリポジトリサービスに保管すると、JupyterLabの見た目でそのまま閲覧できます。動作の再確認をする場合に重宝します。

使い方は、第2章2.3節 JupyterLab（P.043）を参照してください。

○ NumPy

NumPyは、数値計算を扱うサードパーティ製パッケージです。

配列や行列を効率よく扱えます。内部はC言語で実装されており高速に処理されます。配列内部のデータに対して直接データ変換できたり、行列とベクトルの足し算を要素を分解せずに高速に計算できる機能が備わっています。

詳しくは、第4章4.1節 NumPy（P.092）を参照してください。

○ pandas

pandasはNumPyを基盤とした、DataFrame構造を提供するサードパーティ製パッケージです。

DataFrame構造というのはR言語のデータフレームからインスパイアされたもので、表形式の2次元データを柔軟に取り扱えるのが特徴です。データの変換や加工といった、データ分析エンジニアが多く行う作業を効率的にプログラミングで処理できます。

詳しくは、第4章4.2節 pandas（P.135）を参照してください。

○ Matplotlib

Matplotlibは、データの可視化を行うためのサードパーティ製パッケージです。

数値解析ソフトウェアであるMATLABの影響を強く受けた、Pythonにおける可視化ツールのデファクトスタンダードです。折れ線グラフやヒストグラムなどのグラフが描画できます。

詳しくは、第4章4.3節 Matplotlib（P.178）を参照してください。

○ scikit-learn

scikit-learnは、機械学習のアルゴリズムや評価用のツールが集まったサードパーティ製パッケージです。

機械学習のツールキットとしてデファクトスタンダードとなっており、一貫した操作体系に基づいた使いやすいツールです。非常に多くの機械学習アルゴリズムが実装されています。テストツールや評価ツールも充実していることから、scikit-learnに頼らずにアルゴリズムを自身で実装した際にも、便利に活用できます。

詳しくは、第4章4.4節 scikit-learn（P.214）を参照してください。

○ SciPy

SciPyは、科学技術計算をサポートするサードパーティ製パッケージです。

scikit-learnの内部で高度な計算処理に多用されており、重要なパッケージの1つとなります。高度な統計処理や線形代数を扱えたり、フーリエ変換などの処理も実装されています。本書では、詳しい使い方は取り扱いません。

データ分析エンジニアの役割

Pythonと環境

この章ではPythonでのデータ分析を行う事前準備として、Pythonでのプログラミング環境の構築方法と基本的な文法について解説します。また、対話型のプログラム実行環境JupyterLabの使い方についても解説します。

ここではPython、JupyterLabの多彩な機能のうち基本となる一部のみを紹介しています。まずは本書で基本を押さえ、他の書籍や公式ドキュメントで学習してより便利に使いこなせるようになりましょう。

2.1 実行環境構築

ここではPythonでプログラミングを行うための環境構築について説明します。Python公式版をインストールし、venvによる仮想環境の作成とpipコマンドでのパッケージ管理を行います。補足としてAnacondaについても簡単に紹介します。

2.1.1 Python公式版をインストール

ここではPython公式サイト（python.org）で配布されている公式版のPythonインストーラーを使用します。同サイトのDownload Pythonのページにアクセスし、3.10系の最新版（2022年9月時点では3.10.6）のインストーラーをダウンロードします。

● **Download Python**

URL https://www.python.org/downloads/

○ WindowsにPythonをインストールする

WindowsはOSによって以下の2種類のうちいずれかのインストーラーをダウンロードします。

- 64ビット版：Windows installer (64-bit)
- 32ビット版：Windows installer (32-bit)

ダウンロード後にインストーラーを実行してPythonをインストールします。

インストーラーの画面に「Add Python 3.10 to PATH」というチェックボックスがあります。ここをチェックしてインストールを行うとPATH環境変数に自動的にPythonへのパスが追加されます。パスが追加されるとPowerShell上で「python」と書くだけでPythonを実行できるようになります。パスを追加しないとフルパスで指定する必要があります。

インストールが完了したらPowerShellでPythonが実行できることを確認します（>はPowerShellの入力プロンプトです）。

```
> python -V
Python 3.10.6
```

◎ macOSにPythonをインストールする

macOSは以下のインストーラーをダウンロードします。

- macOS 64-bit universal2 installer

インストールが完了したらターミナルを立ち上げ、Pythonが実行できること
を確認します（%はターミナルの入力プロンプトです）。Pythonのインストール
後に、SSLでmacOSのルート証明書を使用するために以下のコマンドを実行し
ます。

```
% python3.10 -V
Python 3.10.6
% /Applications/Python\ 3.10/Install\ Certificates.command
```

🔵 2.1.2 venv: Pythonの仮想環境

Pythonを使用したデータ分析を始める前に、Pythonの仮想環境venvについ
て説明します。

◎ venvとは

venvはPythonの仮想環境を作成する仕組みで、Pythonをインストールする
と標準で利用できます。

Pythonの仮想環境とはどういったもので、その用途は何でしょうか？　これ
からPythonを使用してデータ分析やプログラム開発を行うと思いますが、コー
ドを書き続けていると以下のような問題が出てきます。

- Aプロジェクトではpandas 1.2.5を使ってデータ分析をしていた
- 新しく参加したBプロジェクトではpandas 1.4.2を使用している
- Aプロジェクトは古いpandasの機能を使っているため、pandas 1.4.2では
  動作しない

Pythonでは1つの環境には1つのバージョンのパッケージ（この場合は
pandas）しかインストールできないため、pandas 1.2.5と1.4.2を使い分ける
ことはできません。

プロジェクトごとに仮想環境を作成すれば、それぞれのプロジェクトで必要と
なるパッケージをバージョン指定してインストールできます。これで異なるバー
ジョンのパッケージが使い分けできます。

◉ Windowsでvenv環境を作成

　Windowsでvenvを使用して仮想環境を作成します。PowerShellではスクリプトの実行権限を設定するためにSet-Executionpolicyコマンドを実行します。このコマンドは一度実行したら、再び実行する必要はありません。もし「実行ポリシーを変更しますか?」というメッセージが表示されたら、「はい」を表す「Y」を入力してください。

　仮想環境は「python -m venv 環境名」で作成します。すると指定した環境名でディレクトリ(環境名¥Scripts¥)が作成され、そのディレクトリの中のActivate.ps1スクリプトを実行すると仮想環境が有効化されます。Activate.ps1スクリプトの実行がエラーになる場合は、Activate.ps1までのパスを、フルパスで指定してみてください。

　仮想環境が有効になると、コマンドプロンプトに環境名が表示されます。

```
> Set-Executionpolicy RemoteSigned -Scope CurrentUser
> python -m venv venv-test
> dir venv-test


    ディレクトリ: C:¥test¥venv-test


Mode                 LastWriteTime         Length Name
----                 -------------         ------ ----
d-----         2022/05/02     14:59                Include
d-----         2022/05/02     14:59                Lib
d-----         2022/05/02     14:59                Scripts
-a----         2022/05/02     14:59             84 pyvenv.cfg


> venv-test¥Scripts¥Activate.ps1
(venv-test) >
```

　仮想環境を抜ける(無効化)にはdeactivateコマンドを実行します。コマンドを実行するとプロンプトが元に戻ります。

```
(venv-test) > deactivate
>
```

　仮想環境が不要になった場合は、仮想環境のディレクトリを削除します。

```
> rm -r -fo venv-test
```

⏻ macOS でvenv環境を作成

　macOSでvenvを使用して仮想環境を作成します。仮想環境は「python3.10 -m venv 環境名」で作成します。コマンドを実行すると指定した環境名でディレクトリが作成され、そのディレクトリ（環境名/bin/）の中のactivateスクリプトを実行すると仮想環境が有効化されます。

　仮想環境が有効になると、コマンドプロンプトに環境名が表示されます。

```
% python3.10 -m venv venv-test
% ls venv-test
bin          include     lib         pyvenv.cfg
% source venv-test/bin/activate
(venv-test) %
```

　仮想環境の中ではpythonコマンドで仮想環境作成時のPython（本書の例では python3.10）が実行できます。

　また、whichコマンドを実行すると仮想環境のpythonコマンドを使用していることが確認できます。

```
(venv-test) % python -V
Python 3.10.6
(venv-test) % which python
/(任意のPATH)/venv-test/bin/python
```

　仮想環境を抜ける（無効化）にはdeactivateコマンドを実行します。コマンドを実行するとプロンプトが元に戻り、最新のmacOSにはpythonコマンドがインストールされていないため、pythonコマンドを実行するとエラーとなります（macOSのバージョンによってはPython 2.7系が存在します）。

```
(venv-test) % deactivate
% python -V
zsh: command not found: python
```

　仮想環境が不要になった場合は、仮想環境のディレクトリを削除します。

```
% rm -rf venv-test
```

🔷 2.1.3　pipコマンド

　pipコマンドはPythonの環境にサードパーティ製パッケージをインストールするためのコマンドです。サードパーティ製パッケージはPyPI - The Python Package Indexというサイトで公開されており（ 図2.1 ）、本書で紹介するデータ分析関連パッケージもPyPIからpipコマンドでダウンロードしてインストールします。

● **PyPI - The Python Package Index**

URL　https://pypi.org/

図2.1 　PyPIトップページ

　以降の説明はmacOSのターミナルを例に記述していますが、仮想環境を作成するコマンド以外はWindows、macOS共通なので適宜読み替えてください。

◉ パッケージのインストール、アンインストール

　パッケージをインストールするにはpip installコマンドを使用します。Pythonの仮想環境を作成し、その仮想環境にパッケージ（ここではNumPy）をインストールします。

```
% python3.10 -m venv pip-test
% source pip-test/bin/activate
(pip-test) % pip install numpy
  （中略）
Successfully installed numpy-1.22.4
(pip-test) % python
>>> import numpy
```

```
>>> quit()
```

インストールしたパッケージが不要になった場合はpip uninstallコマンドでアンインストールします。なおpip uninstall -yとオプションを付けると、実行していいかの確認がなくアンインストールが実行されます。

```
(pip-test) % pip uninstall numpy
  (中略)
Proceed (Y/n)? Y  # 実行していいか確認されるので Y を入力する
  Successfully uninstalled numpy-1.22.4
(pip-test) % python
>>> import numpy
Traceback (most recent call last):
  File "<stdin>", line 1, in <module>
ModuleNotFoundError: No module named 'numpy'
>>> quit()
```

なお、特定バージョンのパッケージをインストールする場合はpip install numpy==1.22.2のように指定します。また、すでにインストールされているパッケージを最新版に更新するにはpip install -U numpyのように-U（upgrade）オプションを指定します。

```
(pip-test) % pip install numpy==1.22.2  # バージョンを指定 ⇒
してインストール
  (中略)
Successfully installed numpy-1.22.2
(pip-test) % pip install numpy  # インストール済みのため ⇒
なにも起こらない
Requirement already satisfied: numpy in ./pip-test/lib/
python3.10/site-packages (1.22.2)
(pip-test) % pip install -U numpy  # 最新版に更新する
  (中略)
Successfully installed numpy-1.22.4
```

pipコマンドのバージョンが古いと実行時に警告メッセージが出ることがあります。pipのパッケージを最新版に更新します。

```
(pip-test) % python -m pip install -U pip
  (中略)
Successfully installed pip-22.0.4
```

● パッケージの一覧を取得

インストールしてあるパッケージの一覧を取得するにはpip listコマンドを使用します。パッケージpipとsetuptoolsはvenvで仮想環境を作成すると自動的にインストールされます。

```
(pip-test) % pip uninstall -y numpy   # numpyを削除する
(pip-test) % python -m pip install -U pip   # pipを最新化
 （中略）
(pip-test) % pip list   # パッケージの一覧を取得
Package    Version
---------- -------
pip        22.0.4
setuptools 58.1.0
(pip-test) % pip install numpy==1.22.2 pandas
(pip-test) % pip list
Package         Version
--------------- -------
numpy           1.22.2
pandas          1.4.2
pip             22.0.4
python-dateutil 2.8.2
pytz            2022.1
setuptools      58.1.0
six             1.16.0
```

pip installコマンドは依存関係にあるパッケージを自動的にインストールするため、pandasをインストールするとpython-dateutil、pytz、sixも合わせてインストールされます。なお、pip uninstall -y pandasを実行しても依存パッケージはそのまま残ることに注意してください。

pip list -oコマンドを実行すると、新しいバージョンが存在するパッケージの一覧を表示します。以下の例ではnumpyに新しいバージョンがあるので、-Uオプションを付けて最新版をインストールするといったことが考えられます。

```
(pip-test) % pip list -o
Package    Version Latest Type
---------- ------- ------ -----
numpy      1.22.2  1.22.4 wheel
setuptools 58.1.0  62.1.0 wheel
```

○ 複数の環境でパッケージとバージョンを統一する

1つのプロジェクトを複数人で作業をする時には、使用するパッケージとその
バージョンを統一する必要があります。メンバー間で使用するパッケージのバー
ジョンが異なると、自分の環境では動作するプログラムが他のメンバーの環境で
は動作しないという問題が発生しかねません。1人で開発する場合でも、自分の
PCで開発している環境と、実際のプログラムが動作するサーバ環境でパッケー
ジのバージョンが統一されていないと同様の問題が発生します。

プロジェクトで使用するパッケージのバージョンを統一するためにはpip
freezeコマンドとrequirements.txtファイルを使用するのが便利です。pip
freezeコマンドはpip listと似たコマンドで、インストールされているパッケー
ジの一覧を出力します。この出力形式はrequirementsフォーマットと呼ばれて
おり、出力された情報をファイルに保存して共有することにより、複数の環境で
パッケージのバージョンを統一できます。

まずは基準となる環境に必要なパッケージをインストールし、pip freezeコマ
ンドの結果をファイルrequirements.txtに保存します。ファイル名は何でも構
いませんが、慣習としてこのファイル名がよく使われています。なお、pip
freezeコマンドの実行結果には、pip、setuptoolsなどは含まれません。

```
(pip-test) % pip install -U numpy pandas  # numpyと ➡
pandasの最新をインストール
  （中略）
(pip-test) % pip freeze > requirements.txt  # freeze ➡
の結果をファイルに保存
(pip-test) % cat requirements.txt
numpy==1.22.4
pandas==1.4.2
python-dateutil==2.8.2
pytz==2022.1
six==1.16.0
```

次に新しいvenvの仮想環境を作成して同じパッケージをインストールしま
す。pip install -r requirements.txtとコマンドを実行すると、requirements.txt
で指定されたパッケージをインストールします。

```
(pip-test) % deactivate
% python3.10 -m venv pip-test2  # 新しい仮想環境を作成
% source pip-test2/bin/activate
```

```
(pip-test2) % pip install -r requirements.txt   # ファイル ➡
を使ってインストール
  （中略）
(pip-test2) % pip freeze   # 同じバージョンがインストールされて ➡
いることを確認
numpy==1.22.4
pandas==1.4.2
python-dateutil==2.8.2
pytz==2022.1
six==1.16.0
```

　実際に運用する際には、Gitなどのバージョン管理システムでプロジェクトの
リポジトリを作成し、そのリポジトリでrequirements.txtファイルを共有しま
す。

2.1.4　Anaconda

　本書ではPython公式版とvenv仮想環境、pipコマンドを使用して作成した
Pythonの実行環境を使用しています。ここでは、それとは異なるPythonの実行
環境を構築する手段としてAnacondaを紹介します。

○ Anacondaとは

　AnacondaとはAnaconda社が開発、配布しているPythonディストリビュー
ションです。Anacondaはここまでに紹介した公式版のPythonとは異なる部分
があります。特に、venv、pipとは異なる仮想環境の作成方法、パッケージ管理
システムを採用しています。

　Anacondaは本書で紹介するJupyterLab、NumPy、pandas、Matplotlib、
scikit-learnなども含めて、多くのデータサイエンスで使用するライブラリを同
梱しているため、データ分析やデータサイエンスの分野で広く利用されています。

○ Anacondaを利用するメリットとデメリット

　Anacondaには、多くのPythonパッケージが同梱されています。また、これ
らパッケージの管理と、仮想環境の構築もできる独自のcondaコマンドが付属
しています。

　Anacondaを利用する一番のメリットは、その便利さにあります。NumPyや
scikit-learnなどデータサイエンスの中心的なパッケージを含めて、多くのパッ

ケージを1度のインストールでセットアップできます。また、condaコマンドを使えば、これらのアップデートや追加も可能です。他の言語から乗り換えたばかりなど、Pythonにあまり馴染みがないうちは、Anacondaを利用した環境設定はわかりやすく便利です。

　Anacondaで設定した環境では、パッケージの管理にcondaとpipを両方利用できます。condaコマンドでインストールされるパッケージは、Anaconda社が管理する独自のリポジトリからダウンロードされます。このため、pipでインストールされるものより、バージョンが若干古かったり、そもそもAnaconda社のリポジトリにpipでインストールできるパッケージが存在しなかったりすることもあります。Anacoda環境では、pipも利用できますので、こうしたパッケージの追加にpipを利用することは可能です。ただこの場合、稀にcondaコマンドで構築された環境が壊されてしまう可能性があります。ですので、Anacondaを利用する場合は基本的にcondaコマンドでパッケージを管理してください。condaでインストールできないパッケージをpipで追加する場合は、前述の注意が必要です。これは、Anacondaを使うデメリットの1つといえるかもしれません。

◎ Anacondaのインストール手順

　AnacondaをインストールするにはProducts - Anaconda Distributionにアクセスし、自分のOSに対応したインストーラーをダウンロードしてインストールします。

●Downloads - Anaconda
URL　https://www.anaconda.com/products/distribution

2.2 Pythonの基礎

ここではPythonでデータ分析のプログラムを作成するために必要な、基礎的な知識について解説します。
Pythonの文法的な特徴と基本的な構文の解説に加えて、内包表記などの覚えておくと便利な機能、pickleやpathlibといった標準ライブラリを紹介します。

2.2.1 Pythonの文法

ここではPythonの文法的な特徴について説明します。

環境構築

文法の説明の前に、この節のコードを実行するための仮想環境をvenvで作成します。これ以降、コードはこの仮想環境上で実行します。

```
% python3 -m venv env
% source env/bin/activate
(env) % python -V
Python 3.10.6
```

文法の考え方

Pythonでは「シンプルで読みやすいコードが書けること」を設計思想として文法が作られています。また、同じ動作をするプログラムは似たようなコードとなるように考えられています。

インデント

Pythonのプログラミング言語としての特徴の1つに、コードのブロック構造を括弧ではなくインデント（字下げ）で表現するというものがあります。次のコードでは for文の繰り返しの範囲（ブロック）はインデントしている2行目から7行目までです。このfor文の中にif-elif-elseの条件に合致した時に処理される箇所もインデントで表現されています。

```
for i in range(10):
    if i % 5 == 0:
        print('ham')
    elif i % 3 == 0:
        print('eggs')
    else:
        print('spam')
print('Finish!')
```

○ コーディング規約

Pythonには標準となるコーディング規約が存在します。コーディング規約は PEP 8 - Style Guide for Python Codeというドキュメントにまとめられており、PEP 8（ペップエイト）と呼ばれています。例えばPEP 8では複数のモジュールをインポートする時には、1行ずつインポートして書くべきと定義しています。

● PEP 8 - Style Guide for Python Code
URL https://peps.python.org/pep-0008/

```
import sys, os   # PEP8 違反の書き方
```

```
import sys  # PEP8 準拠した書き方
import os
```

作成したプログラムがPEP 8に違反していないかチェックするツールとして pycodestyleがあります。pycodestyleをpipコマンドでインストールすると pycodestyleコマンドが追加され、このコマンドでプログラムがPEP 8に違反していないかをチェックできます。例えば、上記のプログラム「import sys, os」を sample.pyというファイル名で保存し、以下のコマンドを実行すると、PEP 8に 違反していることがメッセージで表示されます。

● pycodestyle
URL https://pycodestyle.pycqa.org/

```
(env) % pip install pycodestyle
(env) % cat sample.py   # チェック対象のファイル
import sys, os
```

```
(env) % pycodestyle sample.py
sample.py:1:11: E401 multiple imports on one line
```

　PEP 8に加えて、定義したが使用していない変数、インポートして使用していないモジュールなど、論理的なチェックを行うFlake8というツールがあります。同様にpipコマンドでインストールするとflake8コマンドが追加されます。

● **Flake8**

URL http://flake8.pycqa.org/

```
(env) % pip install flake8
(env) % flake8 sample.py
sample.py:1:1: F401 'sys' imported but unused
sample.py:1:1: F401 'os' imported but unused
sample.py:1:11: E401 multiple imports on one line
```

2.2.2　基本構文

　ここではPythonの基本的な構文について簡単に紹介します。なお、以降のコードはIPythonの対話モードで実行する形式で記述しています。IPythonはPython標準の対話モードに、TABによる補完機能など、いくつか便利な機能を提供しています。

　Python標準の対話モードでは以下のように>>>や...というプロンプトの後ろにPythonコードを記述すると、実行結果が表示されます。

```
(env) % python
Python 3.10.6 (v3.10.6:9c7b4bd164, Aug  1 2022, ➡
12:36:10) [Clang 13.0.0 (clang-1300.0.29.30)] on darwin
Type "help", "copyright", "credits" or "license" for ➡
more information.
>>> 1 + 1
2
>>> quit()
(env) %
```

　IPythonをpipコマンドでインストールします。IPythonの対話モードはipythonコマンドで起動できます。プロンプトがIn　[1]:のように数字付きと

なっていることと、対応する出力結果も Out [1]:のようになっていることが特徴
です。

```
(env) % pip install ipython
(env) % ipython
Python 3.10.6 (v3.10.6:9c7b4bd164, Aug  1 2022, ➡
12:36:10) [Clang 13.0.0 (clang-1300.0.29.30)]
Type 'copyright', 'credits' or 'license' for more ➡
information
IPython 8.4.0 -- An enhanced Interactive Python. Type ➡
'?' for help.

In [1]: 1 + 1
Out[1]: 2

In [2]: quit()
(env) %
```

IPythonの対話モードには他にも以下のような便利な機能があります。
- [TAB] キーによる補完
- 自動インデント
- オブジェクトの後ろに？を付けると、オブジェクトの説明を表示
- %で始まるマジックコマンド
- !によるシェルコマンドの実行

IPythonは次の節で説明するJupyterLabでも使われているので、詳細はそち
らを参照してください（P.043）。

◎ 条件分岐と繰り返し

Pythonでは条件分岐はif、elif、elseの組み合わせで行います。繰り返し
はfor文を使用します。for文は繰り返し可能オブジェクトの要素を1つずつ取
り出して変数に格納します。

```
(env) % ipython
```

In

```
In [1]: for year in [1950, 2000, 2020]:
   ...:     if year < 1989:
   ...:         print('昭和')
```

```
    ...:        elif year < 2019:
    ...:            print('平成')
    ...:        else:
    ...:            print('令和')
    ...:
```

Out

```
昭和
平成
令和
```

○ 例外処理

例外処理は try except で行います。例外が発生した場合は except 節の中が実行されます。

In

```
In [2]: try:
    ...:     1 / 0
    ...: except ZeroDivisionError:
    ...:     print('0で割れません')
    ...:
```

Out

```
0で割れません
```

○ 内包表記

内包表記はリストやセットなどを簡潔に生成する機能です。内包表記にはリストを生成するリスト内包表記の他に、セット内包表記、辞書内包表記があります。

以下はリスト内包表記を利用する前に、通常の繰り返し処理でリスト内にある文字列の長さのリストを生成する例です。

In

```
In [3]: names = ['spam', 'ham', 'eggs']

In [4]: lens = []

In [5]: for name in names:
```

```
    ...:        lens.append(len(name))
    ...:
In [6]: lens
```

```
Out[6]: [4, 3, 4]
```

同じ処理をリスト内包表記では以下のように記述できます。

```
In [7]: [len(name) for name in names]  # 文字列の長さの ⇒
リストを作成
```

```
Out[7]: [4, 3, 4]
```

セット内包表記は{}で定義します。

```
In [8]: {len(name) for name in names}  # 文字列の長さの ⇒
セットを作成
```

```
Out[8]: {3, 4}
```

同様に辞書内包表記は{}で囲んでkey: valueを定義します。

```
In [9]: {name: len(name) for name in names}  # 文字列と ⇒
その長さの辞書を生成
```

```
Out[9]: {'spam': 4, 'ham': 3, 'eggs': 4}
```

内包表記では条件式やネストも可能ですが、複雑になりすぎる場合は for 文を使いましょう。

```
In [10]: [x*x for x in range(10) if x % 2 == 0]
```

```
Out[10]: [0, 4, 16, 36, 64]
```

```
In [11]: [[(y, x*x) for x in range(10) if x % 2 == 0] ⇒
for y in range(3)]
```

```
Out[11]:
[[(0, 0), (0, 4), (0, 16), (0, 36), (0, 64)],
 [(1, 0), (1, 4), (1, 16), (1, 36), (1, 64)],
 [(2, 0), (2, 4), (2, 16), (2, 36), (2, 64)]]
```

◎ ジェネレーター式

　リスト内包表記と同じ書き方を()で定義すると、ジェネレーター式となります。リスト内包表記を実行するとリストが定義されますが、ジェネレーター式では値を1つずつ返すジェネレーターを生成するので、大量のデータを処理する場合に一度に大量のメモリを確保しないため負荷を軽減できます。

```
In [12]: l = [x*x for x in range(100000)]   # 10万までの ⇒
2乗のリストを生成

In [13]: type(l), len(l)   # 型と要素数を確認
```

```
Out[13]: (list, 100000)
```

```
In [14]: g = (x*x for x in range(100000))   # ジェネレー ⇒
ター式で定義

In [15]: type(g)   # 型を確認
```

Out

```
Out[15]: generator
```

In

```
In [16]: next(g), next(g), next(g)    # 値を順番に取り出せる
```

Out

```
Out[16]: (0, 1, 4)
```

● ファイル入出力

　ファイルの入出力には、組み込み関数のopen関数を使用します。また、ファイルの閉じ忘れを防ぐために、with文を使うことをおすすめします。

In

```
In [17]: with open('sample.txt', 'w', encoding='utf-8') ⇒
as f:   # ファイル書き込み
    ...:        f.write('こんにちは\n')
    ...:        f.write('Python\n')
    ...:
```

In

```
In [18]: f.closed   # ファイルが閉じていることを確認
```

Out

```
Out[18]: True
```

In

```
In [19]: with open('sample.txt', encoding='utf-8') as ⇒
 f:   # ファイル読み込み
    ...:        data = f.read()
    ...:

In [20]: data
```

Out

```
Out[20]: 'こんにちは\nPython\n'
```

● 文字列操作

Pythonの文字列にはさまざまなメソッドや機能があり、柔軟な文字列処理ができます。

In

```
In [21]: s1 = 'hello python'

In [22]: s1.upper(), s1.lower(), s1.title()   # 文字列の ⇒
大文字小文字を変換
```

Out

```
Out[22]: ('HELLO PYTHON', 'hello python', 'Hello Python')
```

In

```
In [23]: s1.replace('hello', 'Hi')   # 文字列を置換
```

Out

```
Out[23]: 'Hi python'
```

In

```
In [24]: s2 = '   spam  ham    eggs   '

In [25]: s2.split()   # 文字列を空白文字で分割
```

Out

```
Out[25]: ['spam', 'ham', 'eggs']
```

In

```
In [26]: s2.strip()   # 左右の空白文字を削除
```

Out

```
Out[26]: 'spam  ham    eggs'
```

In

```
In [27]: s3 = 'sample.jpg'
```

```
In [28]: s3.endswith(('jpg', 'gif', 'png'))  # 文字列の ⇒
末尾をチェック
```

Out

```
Out[28]: True
```

In

```
In [29]: '123456789'.isdigit()  # 文字列が数値の文字列かをチェック
```

Out

```
Out[29]: True
```

In

```
In [30]: len(s1)  # 文字列の長さを取得
```

Out

```
Out[30]: 12
```

In

```
In [31]: 'py' in s1  # 文字列の中に任意の文字列が存在するかをチェック
```

Out

```
Out[31]: True
```

In

```
In [32]: '-'.join(['spam', 'ham', 'eggs'])  # 複数の文字列 ⇒
を連結
```

Out

```
Out[32]: 'spam-ham-eggs'
```

　文字列に変数や式の結果を埋め込むために、フォーマット済み文字列リテラル（f-string）が使用できます。f-stringは文字列リテラルの先頭に接頭辞fまたはFを付け、波括弧{}の中に記述した変数や式の結果に置き換えられます。f-string

はテンプレートとなる文字列に対して変数の値などを入れて、メッセージを生成する時によく使われます。

```
In [33]: name, lang = 'takanory', 'python'

In [34]: f'{name}は{lang}が好きです'
```

```
Out[34]: 'takanoryはpythonが好きです'
```

```
In [35]: f'{name.title()}は{lang.upper()}が好きです' ➡
# 文字列メソッドを実行
```

```
Out[35]: 'TakanoryはPYTHONが好きです'
```

```
In [36]: f'{name=}は{lang=}が好きです'   # 末尾に=を付けると ➡
式と値をつなげた結果を出力する
```

```
Out[36]: "name='takanory'はlang='python'が好きです"
```

2.2.3 標準ライブラリ

　Pythonには多数の便利なモジュールが標準ライブラリとして付属しており、Pythonをインストールするだけで使用できます。ここでは、データ分析で便利に使用できる標準ライブラリをいくつか紹介します。

● 正規表現モジュール

　Pythonで正規表現を扱うにはreモジュールを使用します。

● re モジュール

URL https://docs.python.org/ja/3/library/re.html

In

```
In [37]: import re

In [38]: prog = re.compile('(P(yth|l)|Z)o[pn]e?')    ➡
# 正規表現オブジェクトを生成

In [39]: prog.search('Python')   # マッチする場合はmatchオブ ➡
ジェクトを返す
```

Out

```
Out[39]: <re.Match object; span=(0, 6), match='Python'>
```

In

```
In [40]: prog.search('Spam')   # マッチしない場合はNoneを返す
```

◉ logging モジュール

バッチ処理などの途中経過を出力するにはprint関数よりもloggingモジュールの使用が便利です。ログレベルを指定して任意のファイルにフォーマットを指定してログが出力できます。

● logging モジュール

URL https://docs.python.org/ja/3/library/logging.html

以下の例では出力先のログファイル名と、ログレベル、出力フォーマットを指定しています。デフォルトでは標準出力にログを出力し、ログレベルはWARNING（警告）以上が出力されます。

In

```
In [41]: import logging

In [42]: logging.basicConfig(
    ...:        filename='example.log',  # 出力ファイルを指定
    ...:        level=logging.INFO,      # ログレベルを指定
    ...:        format='%(asctime)s:%(levelname)s:%(message)s'
    ...: )
```

次に実際にログを出力します。5種類のログレベルでログを出力するためのメソッドが用意されており、実際にログとして出力されるのは指定されたログレベル（ここではINFO）より重要なものだけとなります。

以下の例ではデバッグから重要度が低い順に各ログレベルのログを出力しています。

Python と環境

In

```
In [43]: logging.debug('デバッグレベル')

In [44]: logging.info('INFOレベル')

In [45]: logging.warning('警告レベル')

In [46]: logging.error('エラーレベル')

In [47]: logging.critical('重大なエラー')
```

上記のように実行するとexample.logというログファイルが生成され、以下のようにINFOレベル以上のログが出力されます。

Out

```
2022-05-02 18:46:18,025:INFO:INFOレベル
2022-05-02 18:46:30,540:WARNING:警告レベル
2022-05-02 18:47:06,828:ERROR:エラーレベル
2022-05-02 18:47:16,893:CRITICAL:重大なエラー
```

◉ datetime モジュール

日付などの処理にはdatetimeモジュールが便利です。

● datetime モジュール

URL https://docs.python.org/ja/3/library/datetime.html

In

```
In [48]: from datetime import datetime, date

In [49]: datetime.now()  # 現在日時を取得
```

Out

```
Out[49]: datetime.datetime(2022, 5, 2, 19, 40, 16,  ➡
552544)
```

In

```
In [50]: date.today()  # 今日の日付を取得
```

Out

```
Out[50]: datetime.date(2022, 5, 2)
```

In

```
In [51]: date.today() - date(2008, 12, 3)  # Python 3.0 ➡
リリースからの日数を計算
```

Out

```
Out[51]: datetime.timedelta(days=4898)
```

In

```
In [52]: datetime.now().isoformat()  # ISO8601形式の文字 ➡
列を取得
```

Out

```
Out[52]: '2022-05-02T21:24:00.837759'
```

In

```
In [53]: date.today().strftime('%Y年%m月%d日')  # 日付を ➡
文字列に変換
```

Out

```
Out[53]: '2022年05月02日'
```

In

```
In [54]: datetime.strptime('2022年05月02日', '%Y年%m月 ➡
%d日')  # 文字列を日時に変換
```

```
Out[54]: datetime.datetime(2022, 5, 2, 0, 0)
```

◎ pickle モジュール

　pickle モ ジ ュ ー ル を 使 用 す る と、Python の オ ブ ジ ェ ク ト を 直 列 化
(serialization) してファイルなどで読み書きできるようにします。

● pickle モジュール

URL　https://docs.python.org/ja/3/library/pickle.html

In

```
In [55]: import pickle

In [56]: d = {'today': date.today(),   # 辞書データを定義
    ...:      'delta': date(2023, 1, 1) - date.today()}
    ...:

In [57]: d
```

Out

```
Out[57]: {'today': datetime.date(2023, 5, 2), 'delta': ⇒
datetime.timedelta(days=244)}
```

In

```
In [58]: pickle.dumps(d)   # 直列化した情報を確認
```

Out

```
Out[58]: b'\x80\x04\x95N\x00\x00\x00\x00\x00\x00\x00}\ ⇒
x94(\x8c\x05today\x94\x8c\x08datetime\x94\x8c\x04date\ ⇒
x94\x93\x94C\x04\x07\xe6\x05\x02\x94\x85\x94R\x94\x8c\ ⇒
x05delta\x94h\x02\x8c\ttimedelta\x94\x93\x94K\xf4K\x00K\ ⇒
x00\x87\x94R\x94u.'
```

In

```
In [59]: with open('date.pkl', 'wb') as f:  # ファイルを ⇒
バイト書き込みモードで開く
```

```
    ...:        pickle.dump(d, f)   # Pickle形式のデータを保存
    ...:

In [60]: with open('date.pkl', 'rb') as f:   # ファイルを ⇒
バイト読み込みモードで開く
    ...:        new_d = pickle.load(f)  # Pickle形式のデータ ⇒
を読み込む
    ...:

In [61]: new_d   # 元のデータ(d)と同じことを確認
```

```
Out[61]: {'today': datetime.date(2022, 5, 2),   ⇒
'delta': datetime.timedelta(days=244)}
```

◉ pathlib モジュール

Pythonでファイルのパスを扱うにはpathlibモジュールが便利です。

● pathlib モジュール
URL https://docs.python.org/ja/3/library/pathlib.html

```
In [62]: from pathlib import Path

In [63]: p = Path()   # Pathオブジェクトを現在のディレクトリで生成

In [64]: p
```

```
Out[64]: PosixPath('.')
```

Windowsの場合はWindowsPath('.')となります。
次は、拡張子「.txt」のファイルを順番に読み込みます。

```
In [65]: for filepath in p.glob('*.txt'):  # .txtファイル ➡
を順番に開いて読み込む
    ...:        data = filepath.read_text(encoding='utf-8')
    ...:

In [66]: p = Path('/spam')

In [67]: p / 'ham' / 'eggs.txt'  # /演算子でパスを作成
```

```
Out[67]: PosixPath('/spam/ham/eggs.txt')
```

```
In [68]: p = Path('date.pkl')

In [69]: p.exists()  # ファイルの存在チェック
```

```
Out[69]: True
```

```
In [70]: p.is_dir()  # ディレクトリかをチェック
```

```
Out[70]: False
```

　他にも便利な標準ライブラリが多数あります。標準ライブラリの一覧は、公式ドキュメントのPython 標準ライブラリを参照してください。

●Python 標準ライブラリ

URL　https://docs.python.org/ja/3/library/index.html

　なお、次節からはJupyterLabというツールを使うので、「quit()」を入力してiPyhonを終了、「deactivate」を入力して仮想環境 (env) を終了しておきましょう。

2.3 JupyterLab

ここではデータ分析でよく使用される対話型のプログラム実行環境
JupyterLabについて解説します。JupyterLabをインストールし、基本的な使
い方と便利な使い方について紹介します。最後に本書で使用するデータ分析用
のPython実行環境を作成します。

2.3.1 JupyterLabとは

JupyterLabはオープンソースで開発されているデータ分析、可視化、機械学
習などに広く利用されているツールです。Webアプリケーションとして提供さ
れており、Webブラウザ上で各種プログラムの実行と結果の参照、ドキュメン
ト作成などが行えます。

JupyterLabは次世代のWebベースのユーザーインタフェースであり、将来的
にはJupyter Notebookを置き換える予定です。元々はIPython Notebookと
いうツール名で、前の節で紹介したIPythonをWebブラウザ上で実行するツー
ルとして開発されていました。このツールを汎用化し、PythonだけでなくJulia、
R言語などさまざまなプログラミング言語に対応できるようにしたものが
Jupyter Notebookです。

そして、Jupyter Notebookが持つ機能をより使いやすいユーザーインタ
フェースで構成し直したものがJupyterLabです。なお、Jupyterという名前も
Julia、Python、Rからとられています。

JupyterLabはデータ分析や機械学習の分野でよく使われます。その理由とし
て、1つのNotebookというドキュメントにプログラム（Pythonなど）とその結
果、ドキュメント（Markdown記法）をまとめられることが挙げられます。ま
た、結果の表示は通常の文字列だけでなく、pandasのDataFrameが見やすい表
形式で表示され、Matplotlibなどの可視化ツールを使用してグラフも表示できま
す。

2.3.2 JupyterLabのインストール

それではJupyterLabを含むパッケージをインストールします。他のサード
パーティ製パッケージと同様にvenvでpydataenvという名前の仮想環境を作
成して、pipコマンドでインストールします。

```
% python3 -m venv pydataenv
% source pydataenv/bin/activate
(pydataenv) % pip install jupyterlab==3.4.3
```

◉ 2.3.3　基本的な使い方

　JupyterLabがインストールできたので、基本的な使い方を説明します。まず
は、ターミナルからJupyterLabを起動します。

　ターミナル上でjupyter labコマンドを実行すると、Webブラウザ上で
JupyterLabが自動的に開きます。

```
(pydataenv) % jupyter lab
(中略)
[I 2022-06-11 12:01:34.333 LabApp] Build is up to date
```

　デフォルトでは8888番ポートで実行されるので、http://localhost:8888/lab
がWebブラウザで開きます。ポート番号を変更したい場合は --portオプション
を指定してください。

```
(pydataenv) % jupyter lab --port=8080　 # 8080番ポートで実行する
```

　JupyterLabの画面には左にサイドバー、上部に各種メニュー、そしてメイン
の作業領域などが表示されます（ 図2.2 ）。

図2.2　JupyterLabの画面

　作業領域のNotebookの下にあるPython 3をクリックすると（ 図2.3 ）、
Pythonのプログラムを書くための画面が新規に作成されます。この画面が表し
ているものをNotebookと呼び、プログラムやグラフなどはNotebookファイル
というファイル（拡張子が.ipynb）に保存されます。なお、他のプログラミング

言語、例えばJuliaやR言語をインストールすると、JuliaやR言語のNotebook
が作成できるようになります。

図2.3 新規Notebookを作成

　Notebookを作成すると、**図2.4** のような画面が表示されます。作成された
Notebookは、デフォルトでUntitled.ipynbというファイル名になります。左メ
ニューでファイルを選択した状態で［F2］キーを押すと、ファイル名を変更でき
ます。

図2.4 UntitledのNotebook

　Notebookにはセル（Cell）と呼ばれる領域にPythonのプログラムを記述し、
［Shift］＋［Enter］キーで実行します。セルにプログラムを記述し実行すると、
実行結果がセルの下に出力されます。

　図2.5 のNotebookではいくつか前節で扱ったPythonのプログラムを実行し
ています。一番上のセルはMarkdown形式のセルで、このように説明の文章と
プログラム、その実行結果をまとめて1つのNotebookにできることが、
JupyterLabのメリットです。なお、セル内でPythonのプログラムを記述する時
の動作はIPythonをベースとしています。そのため、前節で説明した［TAB］
キーによる補完やマジックコマンド、シェルコマンドなどがそのまま使用できま
す。

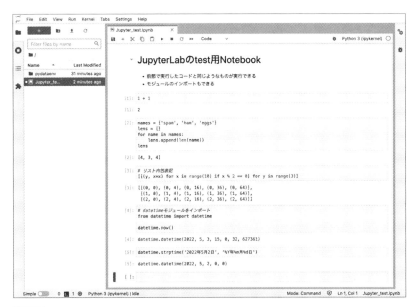

図2.5 Jupyter_test の Notebook

なお、Notebook を編集すると自動的に保存されます。

本書では基本的に、JupyterLab 上でプログラムを実行する想定で記述しています。

2.3.4 便利な使い方

ここでは JupyterLab や Notebook ファイルをより便利に使う方法をいくつか紹介します。

JupyterLab には％または％％から始まるマジックコマンドというコマンドがあります。よく使われるマジックコマンドに %timeit と %%timeit があります。どちらも、プログラムの実行時間を複数回試行して計測するコマンドです。前者は1行のプログラムに対して、後者はセル全体の処理時間を計測します。

図2.6 の例では0から9999までの2乗のリストを生成する時間を計測しており、for文を使用したコードよりリスト内包表記の方が速いことがわかります。

```
[6]:  # 0から9999の2乗のリストを生成(リスト内包表記)
      # ループ回数: 1000回, 試行回数: 10回
      %timeit -n 1000 -r 10 [x*x for x in range(10000)]

      273 μs ± 7.28 μs per loop (mean ± std. dev. of 10 runs, 1,000 loops each)

[7]:  %%timeit -n 1000 -r 10

      # 0から9999の2乗のリストを生成(forループ)
      # ループ回数: 1000回, 試行回数: 10回
      ret = []
      for x in range(10000):
          ret.append(x*x)

      414 μs ± 9.4 μs per loop (mean ± std. dev. of 10 runs, 1,000 loops each)
```

図2.6 マジックコマンドを実行

　セルに!を入力して、続けてOSのコマンドを指定してシェルコマンドが実行できます。**図2.7**の例ではpip listコマンドを実行してpydataenv仮想環境にインストールされているPythonパッケージの一覧を取得しています。

```
[8]:  !pip list
      Package                 Version
      ----------------------  -----------
      anyio                   3.5.0
      appnope                 0.1.3
      argon2-cffi             21.3.0
      argon2-cffi-bindings    21.2.0
      asttokens               2.0.5
      attrs                   21.4.0
      Babel                   2.10.1
      backcall                0.2.0
      beautifulsoup4          4.11.1
      bleach                  5.0.0
      certifi                 2021.10.8
      cffi                    1.15.0
      charset-normalizer      2.0.12
      cycler                  0.11.0
      debugpy                 1.6.0
      decorator               5.1.1
      defusedxml              0.7.1
      entrypoints             0.4
      et-xmlfile              1.1.0
      executing               0.8.3
      fastjsonschema          2.15.3
      fonttools               4.33.3
      idna                    3.3
      ipykernel               6.13.0
      ipython                 8.3.0
      ipython-genutils        0.2.0
      jedi                    0.18.1
      Jinja2                  3.1.2
      joblib                  1.1.0
      json5                   0.9.6
      jsonschema              4.4.0
      jupyter-client          7.3.0
      jupyter-core            4.10.0
      jupyter-server          1.17.0
      jupyterlab              3.3.4
      jupyterlab-pygments     0.2.2
      jupyterlab-server       2.13.0
```

図2.7 シェルコマンドを実行

　JupyterLabのFileメニューからSave and Export Notebook As...を選択すると、NotebookをHTML、Markdownなど各種形式でダウンロードできます（**図2.8**）。また、pandocとLaTeXがインストールされていれば、PDF形式でダウンロードすることも可能です。

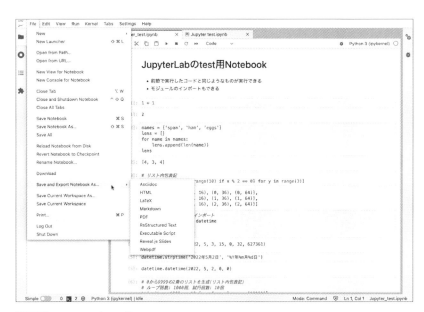

図2.8 JupyterLabのFileメニュー

JupyterLabを実行しているフォルダにファイルをアップロードするには、サイドバー上部にある、Upload Filesをクリックします（**図2.9**）。そうするとファイルの選択画面が表示されるので、アップロードしたいファイルやフォルダをクリックしてください。

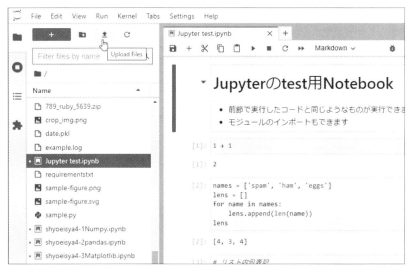

図2.9 JupyterLabのUpload Filesボタン

なお、JupyterLabを終了するには、左上のFileメニューからShut Downを選択してください。

Notebookファイルは JSON形式で記述されており、プログラムや結果を参照するためには基本的にJupyterLabを実行する必要があります。しかし、GitHubなどのリポジトリサービスはNotebookファイルの表示に対応しているため、JupyterLab環境がなくても参照できます（図2.10）。また、JupyterLab環境は必要ですが、テキストエディターのVisual Studio CodeでもNotebookファイルの編集が可能です。

図2.10 GitHub上でNotebookファイルを表示

　最後に第4章以降で使用する各種ツールをインストールした環境を作成します。先ほど作成したpydataenv仮想環境にpipコマンドでインストールします。

　ここでは実際の実行結果が本書と同じになるように、バージョンを固定してインストールしています。実際にデータ分析を行う場合は、基本的に最新版を使うことをおすすめします。

```
(pydataenv) % pip install numpy==1.22.4
(pydataenv) % pip install scipy==1.8.1
(pydataenv) % pip install pandas==1.4.2
(pydataenv) % pip install matplotlib==3.5.2
(pydataenv) % pip install scikit-learn==1.1.1
```

　また、pandasが各種データを入出力するために使用するパッケージをインストールしておきます。

```
(pydataenv) % pip install openpyxl==3.0.10
(pydataenv) % pip install html5lib==1.1
```

　以上で環境の準備は完了です。第4章と第5章のコードを実行する時には、この環境を使用してください。

数学の基礎

この章では、数学に関する基本的な内容について解説します。この章の大きな目的は、数式を見た時に、それが何を意味しているのかを理解できるようになることです。範囲としては、大学初等クラスまでの内容を含みます。数学は歴史が長い学問なので、概念を簡潔に伝えるための記号がたくさん作られ、利用されてきました。数式で表現すると短く正確に情報を伝えられますが、独特の数学記号がわからないと、気後れするのも事実です。まずは、数式を読めるようになることを目指していきましょう。

3.1 数式を読むための基礎知識

この節では、よく使われる数学記号を紹介します。もし苦手意識がある方は、単なる記号や略語だと思って、まずは気楽に読んでみてください。

◉ 3.1.1 数式と記号

● ギリシャ文字

数学の記号や数式のなかに、英語のアルファベットではなく、ギリシャ文字が出てくることがよくあります。ギリシャ文字が読めないと、それだけで戸惑ってしまうことがありますので、文字の形と読み方を確認しておきましょう。わからなくなったら、いつでもこの 表3.1 に戻ってくれば大丈夫です。

表3.1 ギリシャ文字

大文字	小文字	読み方	大文字	小文字	読み方
A	α	アルファ	N	ν	ニュー
B	β	ベータ	Ξ	ξ	クシー（グザイ）
Γ	γ	ガンマ	O	o	オミクロン
Δ	δ	デルタ	Π	π	パイ
E	ϵ	エ（イ）プシロン	P	ρ	ロー
Z	ζ	ゼータ	Σ	σ	シグマ
H	η	エ（イ）ータ	T	τ	タウ
Θ	θ	シータ	Υ	υ	ユ（ウ）プシロン
I	ι	イオタ	Φ	$\phi(\varphi)$	ファイ
K	κ	カッパ	X	χ	カイ
Λ	λ	ラムダ	Ψ	ψ	プサイ（プシー）
M	μ	ミュー	Ω	ω	オメガ

● 集合

数学は物事を抽象化することが得意ですので、順番に関係なく、単なる数のまとまりを表現することもあります。これは、集合と呼ばれ、ちょうどPythonの

集合型（set型）と同じです。ある要素xが、集合Sに属していることは、次のような数式で表現します。

$$x \in S \tag{3.1}$$

集合の中身は波括弧$\{\}$を使って具体的に書き下すこともできます。2つの集合AとBを考えてみます。

$$A = \{1, 2, 3, 4\}$$
$$B = \{2, 4, 6, 8\} \tag{3.2}$$

例えば、8は集合Bに含まれているので、$8 \in B$と書けます。また、$8 \notin A$と書くと、集合に入っていないことも表現できます。

2つの集合の共通部分には、次のような記号を使います。

$$A \cap B = \{2, 4\} \tag{3.3}$$

これは積集合と呼ばれます。

一方、和集合は全部をまとめたものです。

$$A \cup B = \{1, 2, 3, 4, 6, 8\} \tag{3.4}$$

空っぽの集合を空集合と呼びます。これは$\emptyset$という記号で表現されます。

● 数のまとまり

Pythonのプログラムでリストをよく使うように、順番が決まった数のまとまりを数学で扱うことはよくあります。例えば、n個の数のまとまりを表現する場合、

$$x_1, \ldots, x_n \tag{3.5}$$

と書く他、

$$x_i \ (i = 1, \ldots, n) \tag{3.6}$$

という表現方法もあります。

● 数式と番号

特定の数式を説明文の途中で参照する時に、数式に番号が付いていると便利です。多くの数学書では、「式（3.7）で示すように……」というような書き方をします。式（3.7）は、$x = 0$と$x = 1$を解に持つ2次方程式です。

$$x^2 - x = 0 \tag{3.7}$$

Pythonを始め多くのプログラミング言語には、繰り返し処理を意味するfor文があります。数学でも繰り返しを表現するための記号があります。

● 足し算の繰り返し

x_1からx_nまでをすべて足すという計算は、次の数式で表現できます。

$$\sum_{i=1}^{n} x_i \tag{3.8}$$

式 (3.8) に使われている記号は、ギリシャ文字でシグマの大文字です。ループの最初を下に、最後を上に書きます。これは省略されることもあります。また、無限大まで足すという、プログラムではそのまま実行できない動作も数式では表現可能です。

$$\sum_{n=1}^{\infty} \frac{1}{4^n} = \frac{1}{3} \tag{3.9}$$

● 掛け算の繰り返し

足し算と同じように、すべてを掛け合わせるという処理にも記号があります。x_1からx_nまでをすべて掛け合わせた数は、次の式で表現できます。

$$\prod_{i=1}^{n} x_i \tag{3.10}$$

式 (3.10) に使われている記号は、ギリシャ文字でパイの大文字です。ループの最初と最後の書き方は、$\sum$と同じです。

● 特殊な定数

直径が1の円を考えます。円周はどんな長さになるのでしょうか？　これが、よく知られている円周率という数です。3.1415⋯と小数点以下が無限に続くことがわかっています。数学ではπという記号を使って円周率を表現します。

もう1つよく利用される定数に、eで表現されるネイピア数（自然対数の底）があります。こちらは、円周率ほど馴染みがないかもしれませんが、関数の微分や積分を扱う解析学の分野を中心に、非常に重要な役割を果たす定数です。eは式 (3.11) で定義できます。

$$e = \sum_{n=0}^{\infty} \frac{1}{n!} \tag{3.11}$$

$n!$はnの階乗と呼ばれ、1からnまでの整数をすべて掛け算した数です。例えば、$6! = 6 \times 5 \times 4 \times 3 \times 2 \times 1 = 720$となります。また、$0! = 1$と定められています。具体的な$e$の値は、$e = 2.71828\cdots$となり、これも無限に続く小数です。

◉ 数の種類

自然数はモノを数える時に使う最も基本的な数です。$1, 2, 3, \cdots$と続きます。自然数全体の集合は$\mathbb{N}$で表現します。0が自然数に含まれるかどうかは、文脈によって変わるので注意が必要です。自然数に、$-1 \times$自然数の全体と0を追加すると、整数全体の集合ができます。これは、$\mathbb{Z}$と書きます。分母に0が来ないように気を付けて、整数同士を割り算した数を$\mathbb{Z}$に追加すると、有理数全体の集合が得られます。これは、$\mathbb{Q}$で表現します。整数ではない有理数を小数で表現しようとすると、有限の桁数になるか、循環小数になります。有理数にはπやe、また$\sqrt{2}$などの無理数は含まれません。こうした数を有理数全体の集合に追加して得られるのが、実数全体の集合です。これは$\mathbb{R}$と書きます。2次元平面のx軸やy軸といった単純な数直線は、実数の集まりになっています。$i^2 = -1$となる特殊な数iを1つ定義し、これを虚数単位と呼ぶことにします。$a, b \in \mathbb{R}$となるaとbを考え、$c = a + bi$という数を定義すると、複素数全体の集合（$\mathbb{C}$）が得られます。

◉ 3.1.3 関数の基本

プログラミングの関数と、数学の関数は似ています。変数値を受け取り、何らかの計算をして、その結果を関数値として返します。

◉ 関数の書き方

関数の名前は、fやgなど1文字で表現されることが多く、等号を使って定義を書きます。次の関数fは、xを引数として受け取り、引数を2乗して1を足した数を返します[1]。

$$f(x) = x^2 + 1 \tag{3.12}$$

※1　ここではプログラミング言語の関数を意識して、引数を受け取り値を返すという表現にしましたが、これは数学的な表現ではないので、注意してください。数学における関数は、変数xに対する、関数値$f(x)$の対応を決めるものです。

関数の名前がfで、プログラミングの関数における引数がxです。関数が複数の値を入力としてとることもあります。

$$f(x, y) = x^2 - y^2 + 2 \tag{3.13}$$

● 少し特殊な関数

関数の定義が、複数の数式からなることもあります。次の関数はxが0以上1以下の値をとる時には1を返し、そうでない場合は0を返します。

$$f(x) = \left\{ \begin{array}{ll} 0, & x > 1 \\ 1, & 0 \le x \le 1 \\ 0, & x < 0 \end{array} \right. \tag{3.14}$$

式（3.14）は式（3.15）のように書くこともできます。

$$f(x) = \left\{ \begin{array}{ll} 1, & 0 \le x \le 1 \\ 0, & \text{その他} \end{array} \right. \tag{3.15}$$

「その他」と書かれている部分は、それ以外の条件という意味で、「otherwise」などの英語が使われたりすることもあります。書式は比較的自由です。

● 指数関数

例えば、$f(x) = 2^x$という形で、関数の入力が別の数字の肩に乗って使われる関数を、指数関数と呼びます。この例では、2を何乗するか、という意味になります。この関数では、2は底（てい）と呼ばれます。底が1より大きな数の時、xが大きくなると関数の値は大きくなっていきます。底は、整数でなくても構いません。関数の微分を紹介する後の節でも登場しますが、ネイピア数を底とする関数がよく用いられます。$f(x) = e^x$のグラフの形は、xを横軸に、関数の値$f(x)$を縦軸にとると、 図3.1 のようになります。底が1より大きな数であれば、グラフの形はほとんど同じです。特に$x = 0$の時は、底の値にかかわらず、関数の値は1になります。xが大きくなると、関数の値は急激に増大し、小さくなると限りなく0に近付きます。

なお、ここではわかりやすさを優先して、グラフの横軸と縦軸のスケールは変えてあります。

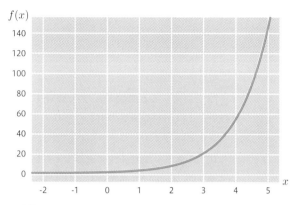

図3.1 指数関数 $f(x) = e^x$

　指数関数を応用した関数にシグモイド関数があります。シグモイド関数は深層学習の基本的な技術であるニューラルネットワークでよく使われる関数です。関数は式（3.16）で表現され、グラフの形は **図3.2** のようになります。

$$f(x) = \frac{1}{1 + e^{-x}} \tag{3.16}$$

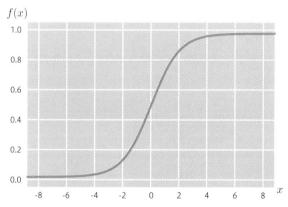

図3.2 シグモイド関数

　x が大きな値になっていくと、e^{-x} は限りなく0に近付きます。そのため、シグモイド関数の値は、1に近付くことになります。逆に、x が非常に小さな数になると、e^{-x} は大きな数になるので、1を非常に大きな数で割ることになり、関数の値は限りなく0に近付いていきます。

● 対数関数

次のような数式で表現される関数を対数関数と呼びます。

$$f(x) = \log_2 x \tag{3.17}$$

この例では、$f(8) = 3$ になります。「2を何乗すると関数の入力である8になるか？」と考えると、3が答えになるので、これが対数関数の出力になります。この例でも、指数関数と同じように、2を底と呼びます。つまり対数関数は、入力された値が、底の何乗に相当するかを出力します。底がネイピア数の対数関数を特に自然対数と呼ぶことがあり、$\ln$ と書いたり底の e が省略されたりすることもあります。

$$f(x) = \log_e x = \ln x \tag{3.18}$$

また、底が10の時は、常用対数と呼ばれます。特殊な記号はなく、$\log_{10} x$ と普通に書きますが、底の10が省略されることが時々あります[※2]。

底が10の場合は、直感的にわかりやすく、出力が入力の桁数に相当します。常用対数に100を入力すると、100は10の2乗ですので、2が返ってきます。1000を入力すると3になります。桁数が変わると数字が1つ分大きくなるのがわかります。100より大きく、1000より小さな値が入力になると、2より大きく3より小さな数が返ってくるというわけです。

対数関数（自然対数）のグラフは、**図3.3** のようになります。この関数の値は x が正の領域でだけ定義できて、$f(1) = 0$ となります。

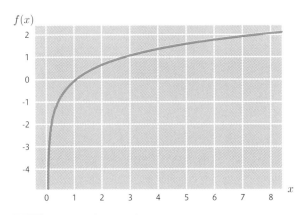

図3.3 対数関数（自然対数）

※2　底が省略されている場合、10なのか e なのかは注意が必要です。本書では、単に $\log$ と書いた場合は、e が省略されているものとします。

● 三角関数

　角度がθの坂を距離1だけ進むと、水平方向と垂直方向にはどれくらい移動していることになるでしょうか。少し考えると、角度の大きさによって変わるような気がしてきます。実はこれ、角度の大きさを入力とする関数として表現することができます。三角関数と呼ばれる関数です。水平方向には$\cos\theta$だけ進み、垂直方向には$\sin\theta$だけ進みます。 図3.4 に示すように、角度θが大きくなると、$\sin\theta$が大きくなり、より高くまで上れるようになります。θが小さいと、高くは上れず、$\cos\theta$が大きくなって水平方向の移動距離が大きくなります。

　$\sin$は「サイン」と読み、日本語では正弦という呼び名があります。また、$\cos$は「コサイン」と読み、余弦という訳語があります。

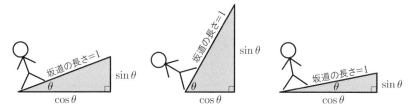

図3.4 三角関数の意味

　角度は、0度から360度で1周とするのが一般的ですが、三角関数では弧度法と呼ばれる角度も使われます。弧度法は0から360度を0から2πに対応させます。これは半径が1の円の円周に相当する長さです。弧度法の単位はラジアンです。

　角度θが大きくなると、坂道の傾きは急になり、角度が小さくなると坂道の傾きは緩やかになります。この傾きを表現する関数が、$\tan$です。$\sin$と$\cos$を使って、次のように定義できます。

$$\tan\theta = \frac{\sin\theta}{\cos\theta} \tag{3.19}$$

　$\tan$は「タンジェント」と読み、日本語では正接と書かれます。

　ところで、高さをhとすると、

$$h = \sin\theta \tag{3.20}$$

ということになりますが、hだけ登るには、角度をどれくらいにすればよいかが気になる時もあるでしょう。これは、次のように逆三角関数で表現できます。

$$\theta = \sin^{-1} h$$
$$\theta = \arcsin h \tag{3.21}$$

　式（3.21）の2つの数式は同じ意味です。また、変数hに対して、いくつもの

θを対応させることができるので、関数として定義するには、θの範囲を決める必要があります。arcsinはアークサインと読みます。

◉ 双曲線関数

指数関数を使って定義される次の関数を、双曲線関数と呼びます。

$$\sinh x = \frac{e^x - e^{-x}}{2}$$
$$\cosh x = \frac{e^x + e^{-x}}{2} \tag{3.22}$$

それぞれ、ハイパボリックサインとハイパボリックコサインと読みます。$\tan$と同じように、$\tanh$を定義できます。

$$\tanh x = \frac{\sinh x}{\cosh x} \tag{3.23}$$

$\cosh$のグラフの形は、懸垂線やカテナリー曲線と呼ばれ、ロープの両端を持った時に見られる曲線の形を表現しています。

3.2 線形代数

> ベクトルと行列の演算を中心とした線形代数は、クラスタリングや次元削減などのアルゴリズムを支える理論として、多くの分野で活用されています。

3.2.1 ベクトルとその演算

● ベクトルとは

将棋盤は、9×9 で81マスあります。場所を指示する場合、4七飛車のように横方向と縦方向の数値をセットにして使います。このように、いくつかの数字をまとめて扱うことに意味があることは多く、こうした仕組みは数学の表現力を高めてくれます。

ベクトルとは、丸括弧で数をまとめて表現したものです。それぞれの数は要素や成分と呼ばれます。

$$(4, 7) \tag{3.24}$$

式（3.24）は要素が2つあるので、2次元ベクトルです。ベクトルは向きと長さを持った矢印として表現することができます。2次元ベクトルであれば、2次元平面上に、 図3.5 のように表現できます。

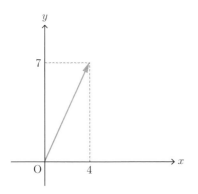

図3.5 ベクトルの矢印による表現

このベクトルは、原点の座標 $(0, 0)$ から始まって、$(4, 7)$ で終わる矢印になっています。このように、原点を始点とするベクトルを、位置ベクトルと呼びます。

しかし、ベクトルは向きと長さが同じであればよいので、必ずしも原点から始まる必要はありません。また、ベクトルを表現する時、数字を縦に並べて書くこともあります。

$$\begin{pmatrix} 4 \\ 7 \end{pmatrix} \tag{3.25}$$

　横に並べて書くか、縦に並べて書くかという違いに関しては、後で紹介する行列のところでもう一度触れます。

　数字を n 個並べれば、n 次元ベクトルになります。具体的な数値を使わずに、ベクトルを文字で表現する場合はそれがベクトルだとわかるように、文字の上に矢印を書いたり、太字を使ったりすることがあります。

$$\vec{x} = \boldsymbol{x} = \begin{pmatrix} x_1 \\ x_2 \\ \vdots \\ x_n \end{pmatrix} \tag{3.26}$$

　n 次元ベクトルの各要素が実数だとして、n 個の実数のすべての組み合わせを考えると、1つの n 次元空間になります。実数全体の集合は $\mathbb{R}$ で表現するので、n 個の実数の組み全体を、$\mathbb{R}^n$ と書きます。$\boldsymbol{x} \in \mathbb{R}^n$ と書いてあったら、$\boldsymbol{x}$ は n 次元ベクトルだとわかります。

ベクトルの演算

　ベクトルの足し算は、要素同士の数の足し算です。つまり同じ次元数のベクトルの間でしか計算できません。ここで、$\boldsymbol{y} \in \mathbb{R}^n$ とします。

$$\boldsymbol{x} + \boldsymbol{y} = \begin{pmatrix} x_1 + y_1 \\ x_2 + y_2 \\ \vdots \\ x_n + y_n \end{pmatrix} \tag{3.27}$$

　わかりやすく2次元平面上で考えると、できあがったベクトルは、$\boldsymbol{x}$ と $\boldsymbol{y}$ が作る平行四辺形の原点から始まる対角線になります（ 図3.6 ）。これは、$(0,0)$ から $\boldsymbol{x}$ に従って、(x_1, x_2) へ行き、その後 $\boldsymbol{y}$ に従って進み、最終的には、$(x_1 + y_1, x_2 + y_2)$ へ到達することになります。

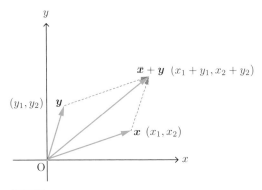

図3.6 ベクトルの足し算

　ベクトルとの対比で、単なる1つの数をスカラーと呼ぶことがあります。ベクトルとスカラーは掛け算ができます。具体的な演算方法は、ベクトルのそれぞれの要素をスカラー倍します。

$$a\boldsymbol{x} = \begin{pmatrix} ax_1 \\ ax_2 \\ \vdots \\ ax_n \end{pmatrix} \tag{3.28}$$

　-1を掛けると、すべての要素の絶対値がそのままで、符号だけが変わります。ベクトルを矢印で表すと、始点が同じで向きが正反対になるイメージです。
　ベクトルの引き算を考えてみます。計算は足し算と同じように、各要素の引き算です。

$$\boldsymbol{x} - \boldsymbol{y} = \begin{pmatrix} x_1 - y_1 \\ x_2 - y_2 \\ \vdots \\ x_n - y_n \end{pmatrix} \tag{3.29}$$

　2次元ベクトルを例に、矢印でイメージしたものが、**図3.7** です。引き算は、$-\boldsymbol{y}$ を足すと考えることもできるので、$(0,0)$から$\boldsymbol{x}$に従って、(x_1, x_2)へ行き、その後 $-\boldsymbol{y}$ に従って進む（灰色点線）ことになります。ベクトルは平行移動しても同じですので、**図3.7** の$\boldsymbol{x} - \boldsymbol{y}$で示された位置ベクトルを、$(y_1, y_2)$から$(x_1, x_2)$へ向く矢印（青色点線）として捉えることもできます。

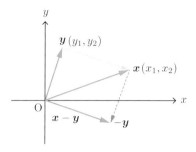

図3.7 ベクトルの引き算

● ノルム

ベクトルの大きさをスカラーで表現する時、これをノルムと呼びます。ノルム（norm）は、英語で「標準、基準」などを意味する単語です。

ベクトルはいくつかの数の集まりなので、これを1つのスカラーで表現しようと思うと、いろいろなやり方が考えられます。最も一般的なものは、ベクトルの各要素を2乗して合計し、その平方根を計算するものです。ベクトルの両脇に縦線を2つ書く記号でこれを表現します。

$$\|\boldsymbol{x}\| = \sqrt{x_1^2 + x_2^2 + \cdots + x_n^2} \tag{3.30}$$

xを位置ベクトルと考えると、この値は原点からベクトルの終点までの直線距離と考えることができます。これをユークリッド距離と呼びます。一般的に2点間（xとy）の距離は、2つのベクトルの差を計算し、そのベクトルのノルムとします。ベクトルyの要素がすべて0ならば、xとyの差はベクトルxと同じです。このように、ノルムと距離はかなり近い概念なので、厳密な違いはあまり気にせず先に進むことにしましょう。その他のノルムの計算方法として、ベクトルの各要素の絶対値を足し合わせるという方法も考えられます。

$$\|\boldsymbol{x}\|_1 = |x_1| + |x_2| + \cdots + |x_n| \tag{3.31}$$

ユークリッド距離は直線距離でしたが、こちらは座標軸に沿って、目的地まで進むイメージです。実際の市街地では、目的のビルまで直線距離で移動することはできず、道路に沿って進んでいきますが、これに似ています。このため、この距離をマンハッタン距離ということもあります[3]。

式（3.31）ではユークリッド距離と区別するために1を付けていますが、ユー

---

[3] マンハッタンの市街地や京都の中心部のように、道路が格子状に並ぶように整備されている街をイメージした呼び名です。このため、シティブロック距離とも呼ばれます。

クリッド距離を$\|x\|_2$と書き、L^2ノルムと呼ぶこともあります。この流儀で行くとマンハッタン距離はL^1ノルムとなり、これを一般化して、次のようにL^pノルムを定義することもできます。これをミンコフスキー距離と呼びます。

$$\|x\|_p = (|x_1|^p + |x_2|^p + \cdots + |x_n|^p)^{\frac{1}{p}} \tag{3.32}$$

◉ 内積

ベクトル同士の掛け算には、内積と外積の2種類があります。ベクトルの内積はドットを使って表現し、計算結果はスカラーになります。要素同士の数字の掛け算をすべて足し合わせた数です。内積は、結果がスカラーになるので、スカラー積とも呼ばれます。

$$x \cdot y = \sum_{i=1}^{n} x_i y_i = x_1 y_1 + x_2 y_2 + \cdots + x_n y_n \tag{3.33}$$

内積を2つのベクトルのL^2ノルムで割ると、2つのベクトルが成す角度の余弦（cos）になります。

$$\cos\theta = \frac{x \cdot y}{\|x\|\|y\|} \tag{3.34}$$

内積の他に、2つのベクトルから新たなベクトルが作られる、外積という掛け算もあります。詳しい説明は割愛しますので、興味のある方は、参考文献などを調べてみてください。

◉ 3.2.2　行列とその演算

◉ 行列とは

ベクトルは数が1つの方向に並んでいるものですが、行方向と列方向の2方向の広がりを持って数を並べたものを、行列（matrix）と呼びます。式（3.35）は、2行3列の行列です。以降は、2×3行列と表現します。

$$A = \begin{pmatrix} 11 & 12 & 13 \\ 21 & 22 & 23 \end{pmatrix} \tag{3.35}$$

行、列の順番で場所を指定します。Aの2行1列の成分は21となります。行列の要素は、2つの添え字を使って、a_{ij}のように表現できます。サイズが大きな行列を書く場合は、途中の要素が省略されます。次の例は、$m \times n$行列です。

$$A = \begin{pmatrix} a_{11} & a_{12} & \dots & a_{1n} \\ a_{21} & a_{22} & \dots & a_{2n} \\ \vdots & \vdots & \ddots & \vdots \\ a_{m1} & a_{m2} & \dots & a_{mn} \end{pmatrix} \tag{3.36}$$

行と列のサイズが同じ行列を特に正方行列と呼びます。正方行列のうち、左上から右下への対角線上にのる成分（対角成分）がすべて1で、残りの要素が0の行列を、単位行列と呼びます。I などの記号で表現することもあります。

$$I_n = \begin{pmatrix} 1 & 0 & \dots & 0 \\ 0 & 1 & \dots & 0 \\ \vdots & \vdots & \ddots & \vdots \\ 0 & 0 & \dots & 1 \end{pmatrix} \tag{3.37}$$

ベクトルを1行または1列の行列と考えることもできます。数字が横に並んだ $1 \times n$ 行列は行ベクトル（横ベクトル）、数字が縦に並んだ $m \times 1$ 行列は列ベクトル（縦ベクトル）と呼ばれます。また、行列の行と列を入れ替える操作を転置と呼びます。$m \times n$ 行列は、$n \times m$ 行列になります。これをベクトルに適用すると、列ベクトルを転置すると行ベクトルになり、その逆も成り立つと考えることもできます。

◎ 行列の演算

ベクトルと同じように、要素同士の足し算と引き算で、行列の足し算と引き算を定義できます。もちろん、2つの行列の行数と列数が合っている必要があります。

$$A - B = \begin{pmatrix} a_{11} - b_{11} & a_{12} - b_{12} & \dots & a_{1n} - b_{1n} \\ a_{21} - b_{21} & a_{22} - b_{22} & \dots & a_{2n} - b_{2n} \\ \vdots & \vdots & \ddots & \vdots \\ a_{m1} - b_{m1} & a_{m2} - b_{m2} & \dots & a_{mn} - b_{mn} \end{pmatrix} \tag{3.38}$$

行列の列の数とベクトルのサイズが同じ場合は、これらの掛け算を定義することができます。結果は、元の行列の行数と同じサイズのベクトルになります。

$$\begin{aligned} A\boldsymbol{x} &= \begin{pmatrix} a_{11} & a_{12} & \dots & a_{1n} \\ a_{21} & a_{22} & \dots & a_{2n} \\ \vdots & \vdots & \ddots & \vdots \\ a_{m1} & a_{m2} & \dots & a_{mn} \end{pmatrix} \begin{pmatrix} x_1 \\ x_2 \\ \vdots \\ x_n \end{pmatrix} \\ &= \begin{pmatrix} a_{11}x_1 + a_{12}x_2 + \dots + a_{1n}x_n \\ a_{21}x_1 + a_{22}x_2 + \dots + a_{2n}x_n \\ \vdots \\ a_{m1}x_1 + a_{m2}x_2 + \dots + a_{mn}x_n \end{pmatrix} \end{aligned}$$

$$= \begin{pmatrix} \sum_{i=1}^{n} a_{1i}x_i \\ \sum_{i=1}^{n} a_{2i}x_i \\ \vdots \\ \sum_{i=1}^{n} a_{mi}x_i \end{pmatrix} \tag{3.39}$$

少しややこしいので、2次の正方行列とベクトルの掛け算の例を示します。

$$\begin{pmatrix} 1 & 2 \\ 3 & 4 \end{pmatrix} \begin{pmatrix} 5 \\ 6 \end{pmatrix} = \begin{pmatrix} 1 \times 5 + 2 \times 6 \\ 3 \times 5 + 4 \times 6 \end{pmatrix} = \begin{pmatrix} 17 \\ 39 \end{pmatrix} \tag{3.40}$$

● 行列の掛け算

行列とベクトルの掛け算がわかると、行列同士の掛け算を定義できます。行列同士の掛け算は、行列になります。2×2の正方行列同士の掛け算を、具体的な数字で見ていくことにしましょう。

$$\begin{pmatrix} 1 & 2 \\ 3 & 4 \end{pmatrix} \begin{pmatrix} 5 & 7 \\ 6 & 8 \end{pmatrix} = \begin{pmatrix} 1 \times 5 + 2 \times 6 & 1 \times 7 + 2 \times 8 \\ 3 \times 5 + 4 \times 6 & 3 \times 7 + 4 \times 8 \end{pmatrix} = \begin{pmatrix} 17 & 23 \\ 39 & 53 \end{pmatrix} \tag{3.41}$$

数値の掛け算は順番を入れ替えることができますが、行列の掛け算は順番を入れ替えると結果が同じになるとは限りません。もし余力がある方は、試してみてください。正方行列の場合、単位行列との掛け算は、そのまま元の行列が計算結果になりますので、順番を入れ替えることができます。

正方行列同士の掛け算は、同じサイズの答えが返ります。一般的には、$m \times s$ の行列に $s \times n$ の行列を掛けると、$m \times n$ の行列になります。その様子をまとめておきます。

$$\begin{aligned} AB &= \begin{pmatrix} a_{11} & a_{12} & \dots & a_{1s} \\ a_{21} & a_{22} & \dots & a_{2s} \\ \vdots & \vdots & \ddots & \vdots \\ a_{m1} & a_{m2} & \dots & a_{ms} \end{pmatrix} \begin{pmatrix} b_{11} & b_{12} & \dots & b_{1n} \\ b_{21} & b_{22} & \dots & b_{2n} \\ \vdots & \vdots & \ddots & \vdots \\ b_{s1} & b_{s2} & \dots & b_{sn} \end{pmatrix} \\ &= \begin{pmatrix} \sum_{i=1}^{s} a_{1i}b_{i1} & \sum_{i=1}^{s} a_{1i}b_{i2} & \cdots & \sum_{i=1}^{s} a_{1i}b_{in} \\ \sum_{i=1}^{s} a_{2i}b_{i1} & \sum_{i=1}^{s} a_{2i}b_{i2} & \cdots & \sum_{i=1}^{s} a_{2i}b_{in} \\ \vdots & \vdots & \ddots & \vdots \\ \sum_{i=1}^{s} a_{mi}b_{i1} & \sum_{i=1}^{s} a_{mi}b_{i2} & \cdots & \sum_{i=1}^{s} a_{mi}b_{in} \end{pmatrix} \end{aligned} \tag{3.42}$$

式（3.42）をよく見ると、右辺の計算結果の1行1列にあるスカラー値は、行列 A の1行目と行列 B の1列目の内積になっていることがわかります。つまり、行列の掛け算は、掛けられる側の行列（A）を行ベクトルの集まり、掛ける側の行列（B）を列ベクトルの集まりと見ると、それらの内積を計算していることになるわけです。

● 行列の分解

$m \times s$の行列に$s \times n$の行列を掛けると、$m \times n$の行列になることを説明しました。これを逆に考えると、$m \times n$の行列を、$m \times s$の行列と$s \times n$行列に分解することができるかもしれません（図3.8）。2つの行列の掛け算が、完全に元の行列と等しくならなくても、近似的に等しくなる2つの行列を見つけられることには、データ分析や機械学習においては意味があります。

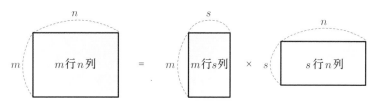

図3.8 行列の分解のイメージ

元の行列を、m個のサンプルと、n個の説明変数（P.008）を持ったデータだと考えてみます。例えば$s = 2$として、m行2列の行列と2行n列の行列を掛け合わせたら、もとのm行n列の行列に戻ったとします。mはサンプル数ですので、m行2列の行列を見ると、それぞれのサンプルを2次元空間の1つの点と見ることができます。nが4以上の場合は、サンプルをそのまま可視化することはできませんが、分解してできたm行2列の行列を使えば、サンプルを2次元で可視化できます。

サンプルの次元を削減して可視化する方法に主成分分析があります。主成分分析は、行列の分解に特異値分解という計算を使っています。特異値分解は、数学の1つの分野として発展してきた線形代数の理論が、現代のデータサイエンスに活用されている典型的な事例です。図3.8のような行列の分解で要素が非負になる、非負値行列因子分解（NMF: non-negative matrix factorization）といった新たな方法も提案されていて、近年の目覚ましい機械学習技術の進歩を支えています。

3.3　基礎解析

機械学習の理論は、最終的に関数の最適化に帰着されることが多く、このような場面では一般に最適解がどこにあるかを、微分を応用した方法論で探します。その基本となる理論を学んでいきましょう。

3.3.1　微分と積分の意味

　関数の微分と積分を主な内容とする解析学は、物理法則と深く結び付いていて、現代社会を支える科学技術の土台になっているのは間違いありません。ただ、その複雑さゆえに、理解しにくいのも事実です。そこでまずは、微分と積分が何を意味するのかについて、積分から解説していきます。細かいことは考えず、イメージを掴むことを優先して読み進めてみてください。

○ 積分は面積

　$y = x$ という最も単純な直線を表現する関数を考えます。f を x の関数と考えて、$f(x) = x$ とし、$y = f(x)$ のグラフを描いたと考えても構いません。x 軸上にある点 $(a, 0)$ をとって、y 軸に平行な線を考え、これらで囲まれる領域を考えます。 図3.9 の色が付いている領域になります。

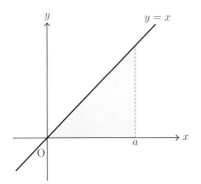

図3.9 関数 $y = x$ と x 軸で囲まれた領域の面積[4]

---

[4]　この面積はちょっと特殊で、x 軸より下側で考える場合は、負の値になるようにします。

この領域は直角三角形の形をしているので、例えば a が4の時は、$4 \times 4 \times \dfrac{1}{2} = 8$ となります。x 軸上の点の位置によってこの面積は変化しますので、この座標を a とすると、面積を表現する関数 F は、次のようになるはずです。

$$F(a) = \frac{1}{2}a^2 \tag{3.43}$$

同じことを、次のように積分の記号（$\int$）を使って表現することができます。積分の記号（$\int$）は、インテグラル（integral）と読みます。

$$F(a) = \int_0^a x \; dx = \frac{1}{2}a^2 \tag{3.44}$$

インテグラルの下の添え字は、積分を始める位置、上の添え字は積分を終わる位置です。このように、積分の範囲が決まっている場合は、特に定積分と呼ばれます。dx は、x で積分することを意味する記号です。

積分記号の中の関数は、最初に考えた $f(x) = x$ になっています。この関数を、0 から a までの範囲で積分するということは、$y = x$ の直線と x 軸、さらに $x = a$ の直線で囲まれた領域の面積を求めていることと同じになるわけです。これが、積分の意味になります。

◎ 微分は傾き

先ほど積分してできた関数 $F(a) = \dfrac{1}{2}a^2$ をグラフにプロットし、a 軸上にある点をとり、その座標を x とします。そこから h だけ足した場所に新しい点をとり、この2点を通る直線を考えてみましょう（図3.10）。

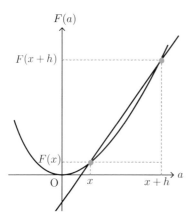

図3.10 2点間の変化率

この直線の傾きを考えてみましょう。実際に計算してみると、次のような式で表現できます。

$$\frac{\frac{1}{2}(x+h)^2 - \frac{1}{2}x^2}{x+h-x} = \frac{\frac{1}{2}h^2 + xh}{h} = \frac{1}{2}h + x \tag{3.45}$$

最初は少しややこしいですが、最後はスッキリした形になりました。

ここで、h を限りなく0に近付けるということを考えてみます。すると、直線は2点間を通るのではなく、最初にとった点 x で、この関数に接する線になります。つまり接線の傾きというわけです。h を限りなく0に近付けることと、h に0を代入することは実は同じではありませんが、細かいことはニアリーイコールという記号（≃）で誤魔化して、計算を進めると、次のようになります。

$$\frac{1}{2}h + x \simeq x \tag{3.46}$$

接線の傾きは場所によって変わります。これが、x であることがわかりました。つまり、$F(x)$ の接線の傾きは、$f(x) = x$ となり、積分する前の関数に戻っています。ある関数の接線の傾きを求めていたら、積分する前の関数と同じ形になったわけですが、これが微分という計算に相当します。

微分と積分は表裏一体の関係にあります。関数 $F(x)$ を微分して、$f(x)$ になりました。この時、F を f の原始関数、f を F の導関数と呼びます。

$F(x)$ の微分は、

$$F'(x) \tag{3.47}$$

と書きます。関数は、$y = x$ と書かれることもありますが、この場合は、次のような導関数の表現も可能です。

$$\frac{dy}{dx} \tag{3.48}$$

🔷 3.3.2 　簡単な関数の微分と積分

$y = 2$ という直線を考えてみましょう。グラフで書くと 図3.11 のように、x 軸と平行な直線になります。

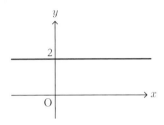

図 3.11 $y = 2$ のグラフ

この直線は、x が変化してもまったく値が変化しません。そのため、この関数は x で微分すると 0 になります。これはどんな定数についても言えるので、C を何らかの定数として、$y = C$ という関数を考えると、次の式が成り立ちます。

$$\frac{dy}{dx} = 0 \tag{3.49}$$

次のような多項式の関数を考えます。n は整数、C は何らかの定数としましょう。

$$f(x) = x^n + C \tag{3.50}$$

この関数を微分すると次のようになります。

$$f'(x) = nx^{n-1} \tag{3.51}$$

このことから $f(x) = \dfrac{1}{2}x^2$ を微分した時に、$f'(x) = x$ となることがわかります。積分は微分の逆なので、次の式が成り立ちます。

$$\int x^n dx = \frac{1}{n+1} x^{(n+1)} + C \ \ (n \neq -1) \tag{3.52}$$

右辺を微分すれば、左辺のインテグラルの中に書かれている関数と等しくなるのが確認できると思います。

このように、積分の範囲が決められていない積分を、不定積分といいます。C は、積分定数という名前が付いていますが、定数を微分すると 0 になるため、不定積分ではオマケのように付いてきます。右辺の分母が 0 になってしまう $n = -1$ の場合は、式（3.55）で紹介します。

◎ いろいろな関数の微分と積分

$f(x) = e^x$ は、微分してもまったく形が変わらないことが知られています。これは底が e の時だけ成り立ちます。微分してもまったく形が変わらないという性質が、ネイピア数を底とする指数関数が解析学で重要な役割を果たす1つの理由になっています。積分しても関数の形は変わりませんが、積分定数がつきます。

三角関数の微分は少しややこしいですが、次のような関係になっています。

$$(\sin x)' = \cos x$$
$$(\cos x)' = -\sin x \tag{3.53}$$

自然対数を x で微分すると、次のようになります。これは、元の対数関数が定義される $x > 0$ の範囲でだけ成り立ちます。

$$(\log x)' = \frac{1}{x} \tag{3.54}$$

積分と微分は表裏一体ですので、この逆を考えると、$\frac{1}{x}$ の積分を考えることができます。

$$\int \frac{1}{x} dx = \log |x| + C \tag{3.55}$$

右辺の x に絶対値が付いているところに注意してください。

3.3.3 微分と関数の値

簡単な2次関数 $y = \frac{1}{2}x^2$ と、2つの点A、Bを考えてみます（図3.12）。

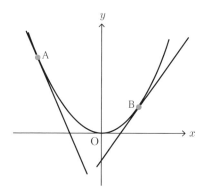

図3.12 微分係数と関数の増減

この関数を微分すると、$\frac{dy}{dx} = x$ になりますので、点Aでの接線の傾きは、負の数になります。同じく、点Bでの接線の傾きは、正の数になります。導関数に具体的な x の値を代入して得られる値は微分係数と呼ばれます。微分係数が負の場合、関数は x の増加に対して、減少します。逆に、微分係数が正の場合は、x が増加すると、元の関数の値も増加します。

いまは比較的わかりやすい関数を考えていますが、複雑な関数を扱う時、微分係数を計算することで、関数の増加や減少のトレンドがわかることは大いに役に立ちます。機械学習アルゴリズムの多くは、その内部で、複雑な目的関数の最適化を行っていることが多くあります。最適化は、関数の最小値や、少なくとも局所的な最小値である極小値を求めることを目標にした計算です。最大値を求めたい場合は、関数に-1を掛ければ最小値を求める計算に変換できます。実際の問題では、最適化したい関数がとても複雑になり、図3.12 に示した2次関数のように、どこが最小値になるのかすぐにはわからないことがほとんどです。こうした関数の最小値を探す計算では、関数を微分することで、進むべき方向がわかります。微分のような数学の理論が、最適化を含む機械学習アルゴリズムを実装するための強力なツールになっているわけです。

3.3.4　偏微分

　ここまでは主に、関数は1変数のものだけを見てきましたが、2つ以上の変数を持つ多変数関数を考えることもできます。例えば、次のような関数を考えてみましょう。

$$f(x, y) = \sin x \ \cos y \tag{3.56}$$

　x、yの値に応じてz軸に関数値をプロットして、グラフを描くと次のようになります（図3.13 ）。

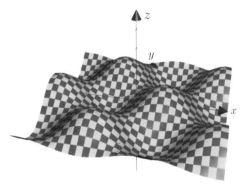

図3.13 式（3.56）を可視化した例（z軸が関数値）

多変数関数の微分も考えることができます。まず、ある特定の変数だけに注目して関数を微分することを考えます。式（3.57）は関数fをxだけに注目して微分したものです。

$$\frac{\partial f}{\partial x} = \cos x \ \cos y \tag{3.57}$$

これは偏微分と呼ばれる計算です。ちなみに実際の計算は、注目していない変数を定数だと思って進めればよいので、$\sin x$を微分して、$\cos x$とすればよいだけです。また、関数に添え字を付けて表現することもあります。式（3.58）は$f(x, y)$をyで偏微分した結果です。

$$f_y = -\sin x \ \sin y \tag{3.58}$$

偏微分は注目している変数以外は定数と考える計算なので、ある多変数関数をxで偏微分する場合は、1変数の時と同じように考えることができます。xの増減に応じて関数の値がどのように変化するかがわかるわけです。実際の問題において関数の最小値を求めたい場合には、多変数の偏微分の情報を組み合わせて進むべき方向を探します。

3.4 確率と統計

世の中に溢れるデータをまとめるために、また手元のデータから、未来の不確実さを少しでも低減するために、確率と統計の理論が大いに役立ちます。

3.4.1 統計の基礎

情報化が進んだ現代は身の回りにデータが溢れ返っているので、データを加工して見やすくしたり、平均値などを計算して、データの特性を調べることが不可欠になってきました。サンプルデータを使って統計学の基本を紹介します。

● 代表値

表3.2 は、総務省統計局[※5]からダウンロードした、1世帯あたりの納豆の年間購入金額を2015年から2017年までの3年間で平均したものです。なお、表3.2 には一部のデータだけを示しています。すべての都道府県のデータは、サポートページからダウンロード可能です。

表3.2 1世帯あたりの年間納豆購入金額
（脚注のURLから取得したデータを加工して作成）

都道府県	金額	順位（昇順）
和歌山県	1795	1
沖縄県	2782	8
東京都	4009	29
神奈川県	4153	31
福島県	6092	47

こうしたデータをさらに加工して、いろいろな統計値を計算することができます。新聞やWebなどの記事では、データの全体像が把握できる代表値が記載されていることが多いでしょう。よく使われる代表値をまとめておきます。

※5　出典：家計調査（二人以上の世帯）　品目別都道府県庁所在市および政令指定都市（※）ランキング（平成27年（2015年）〜29年（2017年）平均）。サポートページからダウンロードできるデータは、これを都道府県ごとにまとめてあります。
URL　https://www.stat.go.jp/data/kakei/rank/backnumber.html

最小値 （minimum）

データの中で最も小さな値です。この例では、和歌山県の1,795円になります。

最大値 （maximum）

データの中で最も大きな値です。福島県の6,092円が最大です。

平均値 （mean）

算術平均のことで、データの個数が n で、それぞれのデータを x_i で表現すると、次の式で定義されます。

$$\frac{1}{n}\sum_{i=1}^{n}x_i \tag{3.59}$$

47都道府県すべてのデータで実際に計算すると、3,770.46円になります。

中央値 （median）

データを小さい順に並べて、ちょうど真ん中に来る値です。47都道府県あるので、24番目の佐賀県（3,579円）が中央値になります。もしデータの個数が偶数の場合は、ちょうど真ん中にくるデータがないため、中間に位置する2つのデータを平均した値とします。数式で書くと次のようになります。

$$中央値 = \begin{cases} x_{\frac{n+1}{2}}, & n が奇数の場合 \\ \frac{1}{2}\left(x_{\frac{n}{2}} + x_{\frac{n}{2}+1}\right), & n が偶数の場合 \end{cases} \tag{3.60}$$

最頻値 （mode）

最も頻繁に出現するデータです。例えば、アンケートの回答で、5段階評価を付ける場合などでは、最も回答者の数が多かった評価が最頻値になります。

この他に、分位数という概念があります。これは、パーセンタイルやクォンタイルなどとも呼ばれます。最もよく使われるのは、四分位数と呼ばれるもので、データを小さい順に並べて、全体の1/4番目にくるものを、第1四分位数（25パーセンタイル、1/4分位数）と言います。データの個数によって、これが一意に定まらない時は、中央値と同じ方法で計算します。第2四分位数は中央値と同じです。以下、第3四分位数（75パーセンタイル、3/4分位数）と続きます。納豆の購入金額の例では、第1四分位数が2,955円、第3四分位数が4,405円になります。

● ばらつきの指標

　平均値や中央値などの代表値でデータをまとめてしまうと、多くの情報が失われます。特に、データがどれくらいばらついているかは重要な情報です。

　まず、データの中央値に対するばらつきから考えていきます。第3四分位数と第1四分位数の差を四分位範囲（IQR:Interquartile Range）と呼びます。納豆購入金額の例では、$4405 - 2955 = 1450$ となります。P.080の箱ひげ図のところで、視覚的な説明をします。

　データの平均値を考える時は、分散とその平方根である標準偏差が重要です。いま、n 個のデータがあって、その平均を $\bar{x}$ とする場合、分散は次の式で定義されます。

$$分散 \ = \frac{1}{n} \sum_{i=1}^{n} (x_i - \bar{x})^2 \tag{3.61}$$

　分散は、すべてのデータの平均値からのズレを2乗して、データの個数で割った値です。2乗するのは、平均より小さなデータと大きなデータのズレが打ち消し合わないようにするためです。2乗しているので、分散と元のデータの単位は違います。これは少し面倒なので、分散の正の平方根をとった標準偏差もよく利用されます。

　いまは手元に全都道府県の納豆購入金額のデータがありますが、一部のデータだけが手元にあって、背後にある全体（母集団）の性質を推測したいという状況も考えられます。この場合は、分散を定義する式（3.61）で、n で割っているところが $n-1$ になった、分散の不偏推定量を使うことがあります。これを不偏分散と呼び、不偏分散の正の平方根を標本標準偏差と呼ぶことがあります。また、式（3.61）で定義される分散を、不偏分散と区別したい場合は標本分散と呼びます。$n-1$ には、自由度（degrees of freedom）という名前が付いています。NumPyやpandasなどでは、n からいくつ引くかという意味で、ddof（delta degrees of freedom）として1を指定します。なぜ1を引くのかについては、割愛しますので興味のある方は参考文献などを調べてみてください。

度数分布表

表3.2 のような生データは、そのままでは扱いにくいので、表3.3 で示すような、度数分布表と呼ばれる形に整理することができます。

表3.3 納豆購入金額の度数分布表

階級	度数
1795.0 〜 2654.4	7
2654.4 〜 3513.8	14
3513.8 〜 4373.2	13
4373.2 〜 5232.6	8
5232.6 〜 6092.0	5

度数分布表は、データの最大値と最小値の間を等間隔に区切ります。これを階級と呼び、階級ごとにいくつのデータがあるかをまとめたのが度数分布表です。通常、階級は等間隔にします。最大と最小の間を何等分するかは、特に決まっていません。細かく分けすぎると、データの分布がどのような形になっているのかわかりにくくなりますし、余りに大雑把な分け方だと、度数分布表を作る意味がないので、その都度適切な間隔を選ぶようにします。データ数を N とした時、階級数を $1 + \log_2 N$ とするスタージェスの公式は階級数の目安を与えてくれます（2は対数の底です）。いまは、47都道府県と比較的データ数が少ないので、全体を5つの階級に分けています。

3.4.2 データの可視化方法

生データを度数分布表にまとめると、少し見やすくなります。これに加えて、データをグラフで可視化するとさらにわかりやすくなります。グラフの種類にはいろいろありますが、よく使われる可視化方法を見ていくことにしましょう。

ヒストグラム

度数分布表を棒グラフで表現したものが、ヒストグラムです。図3.14 は、表3.3 をヒストグラムにしたものです。

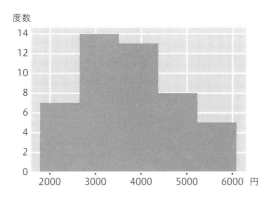

図3.14 納豆購入金額のヒストグラム

　ヒストグラムは、データの分布がどのような形になっているのかを、一目で把握することができるので、非常に重要な可視化手法です。データが、特定の階級に集中してしまうことはよくあります。この場合は、そのままでは分布の全体像がわかりにくいので、縦軸の度数を対数表示（$\log_{10}$表示）にするとよいでしょう。

● 箱ひげ図

　箱ひげ図（box plot）は、ボックスプロットとも呼ばれる方法で、いくつかのグループ間で、データの分布に差があるかどうかを調べる時に便利です。**図3.15**は、47都道府県の納豆購入金額と、わかめの購入金額について、箱ひげ図を描いたものです。わかめの購入金額のデータも、サポートページからダウンロードできます。

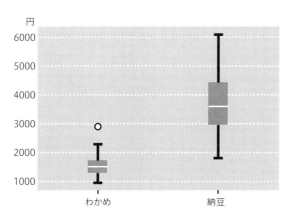

図3.15 わかめと納豆の購入金額の箱ひげ図

箱の中に描かれている白線は中央値です。箱の下は第1四分位数、箱の上は第3四分位数になっています。従って、箱の高さは、第3四分位数から第1四分位数を引いたIQRになります。箱からひげが伸びているので、箱ひげ図と呼ばれます。上下のひげを、最小値と最大値まで伸ばすのが最も単純な描き方です。この他に、IQRの1.5倍を考え、第1四分位数より下、もしくは第3四分位数より上に、IQRの1.5倍以上離れているデータを、外れ値として扱う流儀もあります。図3.15 は、この流儀で描かれています。ちなみに、わかめの購入金額で外れ値になっているのは、三陸のわかめで有名な岩手県です。

◉ 散布図

あるサンプルに関して、2種類以上のデータがある場合、それらをx軸とy軸に割り当てることで、散布図（scatter plot）を描くことができます。図3.16 は、1つの点が1つの都道府県に対応します。点の座標は、横軸に納豆購入金額、縦軸にわかめの購入金額をとったものになっています。

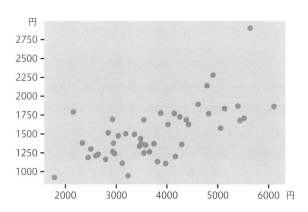

図3.16 納豆（横軸）とわかめ（縦軸）の散布図

データが3つあれば、3次元の散布図を描くこともできます。ただ、2次元平面の散布図ほどわかりやすくはないので、通常は3つのデータから2つを選ぶ組み合わせを作り、3つの散布図（2次元）を作ります。

🔷 3.4.3　データとその関係性

図3.16 を見ると、よく納豆を買う世帯は、わかめにも多くの支出をしているように見えます。こうした、データの関係性を何らかの指標を使って、定量的に表現できないものでしょうか？　その方法の1つが、相関係数です。

◉ 相関係数

1種類のデータのばらつきを測る指標として、分散という指標がありました。1つのサンプルに、2種類のデータがある場合、共分散という指標を考えることができます。x_i と y_i で表現される n 個ずつのデータがあり、$\overline{x}$ と $\overline{y}$ で、それぞれの平均値を表す時、共分散 s_{xy} は次の式で定義できます。

$$s_{xy} = \frac{1}{n} \sum_{i=1}^{n} (x_i - \overline{x})(y_i - \overline{y}) \tag{3.62}$$

ちなみに、分散の定義は以下のものでした。x_i の分散を s_x^2 で表現しています。

$$s_x^2 = \frac{1}{n} \sum_{i=1}^{n} (x_i - \overline{x})^2 \tag{3.63}$$

共分散は、それぞれの変数について平均値との差を掛け算します。分散は、引き算したものを2乗しますので必ず非負になりますが、共分散はそうなりません。散布図に右肩上がりの傾向がある場合は正, 右肩下がりの傾向がある場合は負になります。

共分散と分散を用いて、相関係数 r_{xy} は、次の式で定義することができます。

$$r_{xy} = \frac{s_{xy}}{s_x s_y} \tag{3.64}$$

相関係数は、共分散を2つの変数の標準偏差（分散の正の平方根）で割った値です。重要なことは、相関係数が、必ず-1から1の間で変化するということです。

$$-1 \le r_{xy} \le 1 \tag{3.65}$$

x が増えるとyも増える傾向にあると、正の数になり、その傾向がはっきりするほど1に近い値になります。逆に、x が増えた時にyが減る傾向にあると、負の数になります。 **図3.16** で示した、納豆とわかめの相関係数は0.66です。

◉ その他の相関係数

前述した相関係数 r_{xy} は、ピアソンの積率相関係数とも呼ばれます。相関係数は、他にも知られているものがあり、なかでも有名なものには、スピアマンの順位相関係数があります。順位相関係数は、データの順番にだけ注目して計算されるので、購入金額のような数値データがなくても算出できます。具体的には以下の式で定義されます。

$$\rho_{xy} = 1 - \frac{6 \sum d_i^2}{n(n^2 - 1)} \tag{3.66}$$

スピアマンの順位相関係数は、ギリシャ文字のロー（ρ）で表現されることが多く、nはデータの個数で、d_iはサンプルiにおける2つのデータの順位の差です。例えば、香川県は納豆の購入金額順位が全国で3番目に少ないですが、わかめは21番目なので、その差は18です。これを2乗してすべて足し合わせるということになります。2つのデータですべての順位が同じだと、定義の式の第2項が0になりますので、相関係数は1になります。納豆とわかめの例では、0.62となります。

🔲 3.4.4　確率

明日の天気はわかりませんが、各地の気象台や人工衛星から送られてくるデータなどから、晴れる確率や雨が降る確率が算出できます。この項では、確率の基本から始めて、数学で確率を扱うための仕組みである、確率分布について解説します。

● 確率の基礎

6面体のサイコロを考えます。サイコロを1回ふると、1から6までのどれかの目が出ます。これを事象と呼ぶことにします。事象には確率が割り当てられます。3が出るという事象の確率は$\frac{1}{6}$です。これを少し数学的に表現してみます。サイコロをふると1から6までのどれかの目が出て、それ以外はあり得ません。このように、起こり得る事象の全体を全事象と呼びます。確率を考える時はまず、全事象が何であるかを意識することが必要です。数学では、これを次のような式で書くことがあります。

$$U = \{1, 2, 3, 4, 5, 6\} \tag{3.67}$$

これは、1〜6の6つの要素を持つ集合を意味します。Pythonでセットを作る時のリテラル表現と同じなので、理解しやすいでしょう。

確率は英語でprobabilityなので、頭文字をとって、Pで表現されます。これからサイコロをふるという行為に対して、「1〜6までのどれかの目が出る」という予測は必ず当たるので確率1です。これを、次のように表現します。

$$P(U) = 1 \tag{3.68}$$

このように、全事象を考えれば、その確率は1です。一方、3が出るというのは、個別の事象です。これにAという名前を付けましょう。いま、サイコロにインチキな仕掛けがないとした場合、この確率は次のように書けます。

$$P(A) = \frac{1}{6} \tag{3.69}$$

サイコロをふって、偶数の目が出る確率は、どうなるでしょうか？ 偶数の目が出るという事象を、B とすると、

$$B = \{2, 4, 6\} \tag{3.70}$$

となりますので、確率は、

$$P(B) = \frac{3}{6} = \frac{1}{2} \tag{3.71}$$

となるわけです。

◉ 条件付き確率

ひっくり返した茶碗の中でサイコロをふって、いくつの目が出ているか当ててくださいと言われると、$\frac{1}{6}$ の確率でしか当たりません。しかし、答えを知っている人が、「偶数が出ています」と教えてくれると、偶数の中から選べばよいので、当たる確率が $\frac{1}{3}$ に上がります。

これを一般化したものが、条件付き確率と呼ばれるものです。事象 A が起きたという条件のもとで、事象 B が起きる確率は、次の式で定義できます。

$$P_A(B) = \frac{P(A \cap B)}{P(A)} \tag{3.72}$$

$A \cap B$ は、事象 A と事象 B に共通する事象を表現する記号です。$A = \{2, 4, 6\}$ として、偶数の目が出る場合を想定し、この条件のもとで、$B = \{2\}$ が起きる確率を考えてみましょう。

$$P_A(B) = \frac{P(A \cap B)}{P(A)} = \frac{\frac{1}{6}}{\frac{1}{2}} = \frac{1}{3} \tag{3.73}$$

$P(A \cap B)$ は、偶数が出てかつ 2 が出る確率なので、2 が出る確率と同じです。

このように条件付き確率は、何らかの情報を得た時に、未来を予測する確率が変化する様子を表現しています。これは、ベイズの定理の基本になっており、現在のデータ解析手法を支える 1 つの柱になっています。

⬢ 3.4.5　確率分布

　確率だけを考えるのであれば、全事象を求めて、注目している事象がその何割分かを計算すればよいだけです。数学は、物事を抽象化して議論するのが好きなので、こうした確率の考え方を発展させ、確率変数と確率分布という枠組みを考え出しました。ここからの内容がわからなくなりそうになったら、基本的には確率のことを考えているんだ、という原点に立ち返ってみるとよいでしょう。

◉ 確率変数と確率分布

　再び、サイコロの例を考えてみます。出る目の数を考えると、1〜6までのいずれかの数字になっているので、これを変数と捉え確率変数と呼ぶことにします。通常、確率変数は X で表現することが多いので、X とその確率を表にすると、表3.4 のようになります。

表3.4 サイコロの目の確率変数と確率分布

X	1	2	3	4	5	6	計
$P(X)$	$\frac{1}{6}$	$\frac{1}{6}$	$\frac{1}{6}$	$\frac{1}{6}$	$\frac{1}{6}$	$\frac{1}{6}$	1

　このような、確率全体のことを確率分布と呼び、確率変数 X は、この確率分布に従うといいます。また、3が出る確率は次のように書きます。

$$P(X = 3) = \frac{1}{6} \tag{3.74}$$

　X は、確率変数の全体を表現しているので、個別の事象を表現する時は式(3.74) のように $X = 3$ と明示したり、x_3 のように小文字を使ったりします。

◉ 期待値

　サイコロをふって、出た目の数×1,000円もらえるゲームがあったとすると、平均的にはどれくらいのお金がもらえることになるでしょうか？　1回だけしかやらないと、1,000円しかもらえずがっかりすることもあれば、6,000円もらえて嬉しかったという話になりますが、何度も繰り返していくと、いったいどれくらいもらえることになるのか？という話です。

　確率変数 X の分布がわかっていると、期待値を計算することで、このゲームで1回あたりどれくらいもらえるかがわかります。期待値は英語で、Expected valueなので、頭文字をとって X の期待値を、$E(X)$ と書き次の式で定義します。

$$E(X) = x_1 p_1 + x_2 p_2 + \cdots + x_n p_n = \sum_{i=1}^{n} x_i p_i \qquad (3.75)$$

これは、確率変数と確率を掛け合わせてすべて足したものになります。サイコロの場合は、3.5になるので、先ほどのゲームは、何度もやっていると、毎回3,500円もらうのとほぼ同じ結果となります。

データの平均を求める時に、すべてのデータを足し合わせて、全体のサンプル数 n で割ったことを思い出してみてください。データの1つ1つを確率変数とすれば、それぞれのデータが出現する確率は $\frac{1}{n}$ になります。期待値の計算は、確率変数と確率を掛け合わせて全部足すという操作に他なりません。データの平均を求めることと、確率変数の期待値を計算することは同じことになるわけです。

○ 分散

確率変数の分散を考えることもできます。分散は英語でVarianceなので、確率変数 X の分散は $V(X)$ で表現されます。標準偏差は、分散の正の平方根です。慣習的にギリシャ文字の小文字のシグマ（σ）が使われます。

それぞれの定義を書いておきます。式（3.76）は少しややこしい形になっていますが、データのばらつきを計算した時と基本的には同じです。

$$V(X) = E((X - E(X))^2) \qquad (3.76)$$

$$\sigma(X) = \sqrt{V(X)} \qquad (3.77)$$

3.4.6 確率と関数

確率変数の考え方を導入すると、変数と確率の対応関係を関数と捉えることが可能です。確率変数を引数にとって、値を返す関数を考えるわけです。

サイコロの例では、確率変数は、1〜6までの正の整数をとるので、離散的（とびとびの値）でした。実は、連続的な確率変数を考えることもできます。確率変数が、離散的か連続的かによって、関数の呼び方が若干違います。離散的な場合は、確率質量関数、連続的な場合は確率密度関数と呼ばれます。

確率変数と値を対応させる関数は、もちろん自分で勝手に作っても構いませんが、数学の発展の歴史の中で、いくつか重要な関数が見出され、広く利用されるようになりました。離散的な変数と連続的な変数のそれぞれについて、1つずつ関数を紹介します。

● 離散一様分布

サイコロの例を一般化した確率分布です。いまは少し単純化して、確率変数 X が整数の値をとることにしましょう。サイコロでは、1〜6でしたが、これを、$a \sim b$ という範囲に広げます。取りうる値の個数 n は、$n = b - a + 1$ となります。

確率を与える関数は、確率質量関数で次のように定義されます。

$$f(x) = \begin{cases} \dfrac{1}{n}, & a \leq x \leq b \\ 0, & その他 \end{cases} \qquad (3.78)$$

期待値は次の式で与えられます。

$$\frac{a + b}{2} \qquad (3.79)$$

いま、a と b は、分布を決めるためのパラメータです。一般的な離散一様分布に、2つの数字を与えれば、具体的な分布が得られます。例えば、サイコロの場合は、$a = 1$ と $b = 6$ です。$n = b - a + 1 = 6 - 1 + 1 = 6$ となり、期待値は3.5になりますので、サイコロのための分布が作れたことがわかります。

● 正規分布

連続的に変化する確率変数を考えることもできます。そのような確率変数を引数にとって値を返す関数を、確率密度関数と呼びます。1つ確率密度関数が決まると、変数の分布が決まります。さまざまな確率分布が知られていますが、最も重要な分布の1つが正規分布です。実数 x に対して、次の式で定義される分布を特に標準正規分布と呼びます。

$$f(x) = \frac{1}{\sqrt{2\pi}} e^{-\frac{x^2}{2}} \qquad (3.80)$$

少し式がややこしいですが、重要なことはこの関数の形です。描画すると、図3.17 のような形になります。

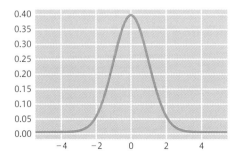

図3.17 標準正規分布を与える確率密度関数

$x = 0$ のところで最も高い値を示し、左右対称の釣り鐘型になっています。x は、$-\infty \leq x \leq +\infty$ の範囲で変化できますが、x が0から離れると関数の値は急速に小さくなっていき、限りなく0に近付いていきます。

正規分布は、19世紀に活躍した偉大な数学者カール・ガウスにちなんで、ガウス分布と呼ばれることもあります。ガウスは天体の運動を観測する時に紛れ込む誤差に関する研究のなかで、誤差が正規分布で表現できることを見出しました。式で簡潔に表現すると、次のようになります。

$$\text{観測された値} = \text{真の値} + \text{正規分布で表現される誤差} \tag{3.81}$$

誤差を正規分布で表現できると、デタラメに見えるデータを数学的に扱えます。機械学習アルゴリズムを使ったデータ解析では、こうした確率統計の理論が随所で使われています。

確率密度関数は、連続的に変化する確率変数を入力とします。例えば、$x = 0$ を入力として関数から得られる数字は $0.3989\cdots$ ですが、実はこれ、$x = 0$ となる確率ではありません。これは、離散的な確率変数と大きく違うところです。なぜ、$x = 0$ となる確率ではないのか？と少し戸惑うかもしれませんが、連続的に変化する確率変数の場合は、x がピッタリ0になることはないためだと理解することにします。それではいったい確率密度関数は、どのように利用するのでしょうか？

確率密度関数の積分が、ある区間に関する確率を与えてくれます。例えば、x が $a \leq x \leq b$ という範囲をとる確率は、以下の積分で計算できます。

$$P(a \leq X \leq b) = \int_a^b f(x)dx \tag{3.82}$$

例えば、標準正規分布に従う確率変数が、1以上の値をとる確率は次の式で計算できます。

$$P(1 \leq X \leq \infty) = \int_1^\infty \frac{1}{\sqrt{2\pi}} e^{-\frac{x^2}{2}} dx = 0.15865\cdots \tag{3.83}$$

確率はだいたい0.16だということがわかります。このようなややこしい計算は、コンピュータにやってもらうのが正解です。PythonでもSciPyを使えばすぐにできます。

1変数の関数の積分とは面積のことでした。グラフで考えると、図3.18 に示すように、この確率は色が濃くなっている領域の面積に相当します。

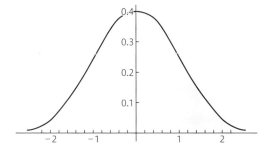

図 3.18 標準正規分布の密度関数を積分して確率を得る

　ここまで扱ってきた正規分布は、平均が0で、分散が1の標準正規分布と呼ばれるものでした。一般に正規分布は、平均をμ、分散をσ^2として、次のような式で書けます。

$$f(x) = \frac{1}{\sqrt{2\pi\sigma^2}} \exp\left(-\frac{(x-\mu)^2}{2\sigma^2}\right) \tag{3.84}$$

　$\exp$は、指数関数のことです。肩に乗る数式が複雑になると小さくなってわかりにくいので、このように書くこともあります。

　正規分布の確率密度関数と言えば、式（3.84）で与えられますが、具体的な計算をするには平均μと分散σ^2を決める必要があります。これらをパラメータと呼びます。同じ正規分布でも、パラメータが変わると分布の形が変わります。平均は関数の値が最大になるxを意味します。また、分散の値が大きいと釣り鐘状の分布の裾野が広がります。逆に分散の値が小さいと、裾野が狭まり平均の近傍に確率が集中する分布になります。Pythonの標準モジュールstatisticsには、NormalDistクラスがあり、平均と分散を引数にして正規分布の確率密度関数を手軽に作ることができます。Matplotlibを使った可視化を使って、さまざまなパラメータで正規分布の形がどう変わるかをぜひ試してみてください。

🔵 3.4.7　確率と情報量

　頻繁には起こらないような出来事をニュースで聞いて、びっくりすることがあるでしょう。実はここには、確率と情報量の関係が隠れています。「頻繁に起こらない」ということは、「その事象が起きる確率が小さい」ということです。びっくりすることを定量化できると、これを情報量と呼べそうです。

　確率と情報量の関係をはっきりさせるために、情報量を定義します。まずは、最も単純な二者択一の情報を考えます。何の仕掛けもないコインを投げて、表が出たか裏が出たかを教えてもらう場合の情報量です。これを、1ビットと定義し

ます。つまり確率が$\frac{1}{2}$で起こる事象について、実際にそれが起こったかどうかを教えてもらう時、その知らせに1ビットの情報量があるということです。

　次に、等確率で起きる4つの事象を考えます。普通のサイコロは立方体（正六面体）ですが、ここでは正四面体のサイコロを考えます。このサイコロを投げると1〜4の整数が等確率で得られます。ひっくり返したお椀の中でこのサイコロをふり、どの目が出たかを教えてもらう時、この知らせにはどれくらいの情報量があるでしょうか。この問題に答えるために、2段階に分けて情報をもらう状況を考えます。まずは、サイコロの目を1と2、3と4の2グループに分けます。どちらに出た目が含まれるかを教えてもらう情報は、二者択一なので1ビットの情報量です。次に、残った2つの選択肢に関してどちらが実際に出た目なのかを教えてもらう情報量も1ビットです。これらを合計すると情報量は2ビットになります。

　確率pの事象が実際に起こったことを教えてもらう情報量は、次の式 (3.85) で定義できます。

$$情報量（ビット） = -\log_2 p \qquad (3.85)$$

$p = \frac{1}{2}$とすると、1ビットになることがわかります。$p = 1$の場合は、起こることがわかっているので情報量は0です。正四面体のサイコロではどの目が出る確率も同じなので、$p = \frac{1}{4}$となり、2ビットの情報量になります。サイコロの出た目をいきなり教えてもらう場合と、2回に分けて教えてもらう場合を比較すると、最終的に得られる情報は同じです。これは情報量が足し算できることを示しています。

　情報量の期待値（情報量と確率を掛け算して合計したもの）は、情報エントロピーと呼ばれます。決定木やランダムフォレストのアルゴリズムでは、あるノードをどの変数で分割するかを、情報エントロピーなどの指標を使って計算しています。情報量や情報エントロピーは、クロード・シャノンによって20世紀中頃に考案された情報理論の成果です。ここには、数学を基礎に情報を扱う新しい学問分野が生まれ、それが機械学習アルゴリズムの進化を支えている構図が見てとれます。

CHAPTER 4 ライブラリによる分析の実践

この章では、ライブラリを用いたデータ分析の実践方法を解説します。利用するライブラリは、NumPy、pandas、Matplotlib、scikit-learnです。この章の解説では、よく使われている機能をピックアップして紹介し、各ライブラリの網羅的な解説は公式ドキュメントなどに委ねています。また、データ分析の実践を意識して基礎知識から学びやすい順番で紹介しています。これらの4つのライブラリの使い方を身に付けることを目指していきましょう。

4.1 NumPy

NumPyは数値計算に特化したサードパーティ製パッケージです。NumPyを使用するとPython標準のリスト型に比べて多次元配列のデータを効率よく扱えます。NumPyはPythonでの科学技術計算の基盤となっています。

4.1.1 NumPyの概要

NumPyは、Pythonのサードパーティ製パッケージで、配列や行列を効率よく扱えるようになっています。

NumPyには配列用の型であるndarrayと行列用の型であるmatrixがあります。これらの配列や行列の要素のデータ型は、int16やfloat32などNumPy専用のデータ型に揃える必要があります。また、NumPyには専用の演算関数やメソッドが用意され、高速に配列や行列の計算ができます。本節では、データ分析で主に使用されるndarrayについて解説します。

4.1.2 NumPyでデータを扱う

これ以降、JupyterLabで実行していきます。

NumPyを利用するには、以下のようにインポートします。

In

```
import numpy as np
```

asキーワードを使ってas npとし、numpyをnpで呼び出せるようにしています。

1次元配列

最初に、1次元配列を扱います。

In

```
a = np.array([1, 2, 3])
```

　array関数に、Pythonのリストを渡すことでndarrayオブジェクトが作られ
ます。ここでは、変数aに3要素の1次元配列を入れています。

　aを確認してみます。

In

```
a
```

Out

```
array([1, 2, 3])
```

　arrayから始まる出力結果が確認できました。

　ここで、print関数でaを出力します。

In

```
print(a)
```

Out

```
[1 2 3]
```

　print関数を使うと、arrayという表記がなくなり、要素がスペース区切りで出
力されます。

　ここで、aのオブジェクトをtype関数で確認してみます。

In

```
type(a)
```

Out

```
numpy.ndarray
```

　aが、NumPyの配列、ndarrayオブジェクトであることが確認できました。

　次に、shape属性でaの形状を確認してみます。

In

```
a.shape
```

```
(3,)
```

1次元配列で3要素あることが確認できました。

● 2次元配列

次は2次元配列を扱います。

In

```
b = np.array([[1, 2, 3], [4, 5, 6]])
```

1次元配列同様にarray関数を使います。ここでは、Pythonのリストをネストさせた2重リストを使って、2次元のndarrayオブジェクトを作り、変数bに入れています。

次に、いま宣言した変数bとその形状を確認します。

In

```
b
```

Out

```
array([[1, 2, 3],
       [4, 5, 6]])
```

In

```
b.shape
```

Out

```
(2, 3)
```

(2, 3)という出力から2×3行列であることが読み取れます。NumPyの2次元配列が作れたことを確認できました。

● 変形(reshape)

ここでは、次元の変換を行っていきます。

まずは、6要素の1次元配列を作り変数c1に代入します。

In

```
c1 = np.array([0, 1, 2, 3, 4, 5])
c1
```

Out

```
array([0, 1, 2, 3, 4, 5])
```

c1にNumPyの1次元配列が格納されたことが確認できました。これを
reshapeメソッドを使い、2×3行列の配列に変換します。

In

```
c2 = c1.reshape((2, 3))
c2
```

Out

```
array([[0, 1, 2],
       [3, 4, 5]])
```

1行目に3要素が順番に入り、2行目に残りの3要素が入っています。reshape
メソッドでは、要素数が重要となります。c1.reshape((3, 4))などと要素の数が
合わない場合は、エラー（ValueError）が送出されます。
次に、ravelメソッドを使って1次元配列に戻してみます。

In

```
c3 = c2.ravel()
c3
```

Out

```
array([0, 1, 2, 3, 4, 5])
```

ravelメソッドを使い、2次元の配列を1次元に変換しました。
同様に、flattenメソッドを使用してみます。

In

```
c4 = c2.flatten()  # copy を返す
c4
```

```
array([0, 1, 2, 3, 4, 5])
```

ravelメソッドとflattenメソッドの違いは結果の返し方にあります。ravelは参照を返すのに対し、flattenはコピーを返します。参照とコピーの違いについてはこの節後半にあるP.102の「参照とコピー(copy)」の項を参照してください。

● データ型 (dtype)

NumPy配列の要素のデータ型をdtype属性を使って確認します。

NumPy配列の要素は1つのデータ型に統一され、その型はNumPy由来の型となります。まずは1次元配列aの要素のデータ型を確認します。

In

```
a.dtype
```

Out

```
dtype('int64')
```

NumPy配列aは[1, 2, 3]とPythonのint型のデータを用いて作りました。作成の際に型を宣言していないので自動でnp.int64が割り当てられています。なお、Windowsでは、np.int32が割り当てられるため、dtype('int32')と表示されます。

次は、np.int16と型を宣言してNumPy配列を作ります。

In

```
d = np.array([1, 2], dtype=np.int16)
d
```

Out

```
array([1, 2], dtype=int16)
```

型の情報が付与されています。

改めて、dtype属性を使ってデータ型を確認します。

In

```
d.dtype
```

Out

```
dtype('int16')
```

np.int16になっていることが確認できました。

NumPy配列は整数以外にも浮動小数点数や真偽値を扱えます。

np.int16の整数から、浮動小数点数（np.float16）にastypeメソッドを使って変換する方法を見ていきます。

In

```
d.astype(np.float16)
```

Out

```
array([ 1.,  2.], dtype=float16)
```

出力を確認したところ、np.float16に変換されていることが確認できました。

◉ インデックスとスライス

配列から部分的にデータを取得するのに簡単でわかりやすいインデックスとスライスという方法を確認します。

NumPy配列ではPython標準のリストと同様にインデックス、スライスを使って要素を取り出すことができます。

「1次元配列」（P.092）で作った1次元配列aを確認しておきます。

In

```
a
```

Out

```
array([1, 2, 3])
```

Python標準のリストと同様に、インデックス値0を与えると先頭のデータが取得できます。

In

```
a[0]
```

1

またPython標準のリストと同様に、[1:]とスライスでの範囲指定が可能です。

In

```
a[1:]
```

Out

```
array([2, 3])
```

Python標準のリストと同様に、負のインデックスも使用できます。

In

```
a[-1]
```

Out

3

次に、2次元配列について確認します。「2次元配列」（P.094）で作ったbを確認します。

In

```
b
```

Out

```
array([[1, 2, 3],
       [4, 5, 6]])
```

NumPyの2次元配列に対して、1つの値を渡すと、行方向の配列が取得できます。

In

```
b[0]
```

Out

```
array([1, 2, 3])
```

　ここでは、0を与えているので、1番目の行が1次元配列として取得できました。

　2つの値をカンマで区切って渡すと、行のインデックス値と列のインデックス値で示される値が取得できます。

　具体的に見てみましょう。次の例では［1, 0］と与えていますので、2行目で1列目の値、つまり4が取得できます。

In

```
b[1, 0]
```

Out

```
4
```

　行または列をスライスの範囲で指定できます。

In

```
b[:, 2]
```

Out

```
array([3, 6])
```

　この場合は、［:, 2］と与えていますので、行方向はすべてで、列方向は3番目の最後の列を取得するという意味になります。

　次は反対にすべての列を取得しています。

In

```
b[1, :]
```

Out

```
array([4, 5, 6])
```

　行または列に対して、個別に範囲指定も行えます。

In

```
b[0, 1:]
```

```
array([2, 3])
```

　行または列に対して、インデックス値が飛んでいる場合でも取得可能です。このような場合は、リストでインデックス値を渡します。

　次の例では、[:, [0, 2]] と与えていますので、すべての行に対して、インデックス値0と2の2つの列を取得するように指定しています。

In

```
b[:, [0, 2]]
```

Out

```
array([[1, 3],
       [4, 6]])
```

● データ再代入

　ここでは、配列の内部のデータに対して再代入を行うことで、値が変更されることについて確認していきます。

　最初に、前項でも使った1次元配列aを確認します。

In

```
a
```

Out

```
array([1, 2, 3])
```

　次の例ではインデックス値 [2] の値である3を4に置き換えています。

In

```
a[2] = 4
a
```

Out

```
array([1, 2, 4])
```

実行例から置き換わっていることがわかります。

「2次元配列」(P.094)で使った、2次元配列bについてもデータを確認します。

In

```
b
```

Out

```
array([[1, 2, 3],
       [4, 5, 6]])
```

　2次元配列の場合は、行と列のインデックス値を指定して、データの中身を変更します。

In

```
b[1, 2] = 7
b
```

Out

```
array([[1, 2, 3],
       [4, 5, 7]])
```

2行目の最後の値が6から7に変わったことがわかりました。

　次にすべての行に対して、同じ列の値を変更します。

　[:, 2] と設定していますので、3列目の値が変わることになります。

In

```
b[:, 2] = 8
b
```

Out

```
array([[1, 2, 8],
       [4, 5, 8]])
```

3列目がすべて、8に変わっていることが確認できました。

ここでは、配列のコピーについて確認していきます。

最初に、前項でデータを再代入したaという配列を、a1に代入します。

In

```
a1 = a
a1
```

Out

```
array([1, 2, 4])
```

当然ですが、aとa1は同じ配列になっています。

ここで、配列a1のデータを変更してみます。

In

```
a1[1] = 5
a1
```

Out

```
array([1, 5, 4])
```

配列a1が変更されました。ここで、配列aを確認してみます。

In

```
a
```

Out

```
array([1, 5, 4])
```

a1と同じ配列になりました。aに対して直接データの書き換えを行いませんでしたが、a1 = aという操作では、aを参照するオブジェクト[1]としてa1は生成されます。従ってa1を変更するとその参照先であるaも変更されます。

次に、copyメソッドを使ってデータをコピーしてみます。

※1　aとa1は同じ配列に別の変数名が割り当てられているので、aを通じてa1を変更することもできます。

In

```
a2 = a.copy()
a2
```

Out

```
array([1, 5, 4])
```

aとa2は同じものが入っています。
ここで、a2のデータを変更してみます。

In

```
a2[0] = 6
a2
```

Out

```
array([6, 5, 4])
```

配列a2が変更されました。ここで、コピー元のaを確認してみます。

In

```
a
```

Out

```
array([1, 5, 4])
```

今回は、aは元のままでした。
すでに「変形(reshape)」(P.094)で紹介した、ravelメソッドとflattenメソッドの違いを見てみます。
c2を確認します。

In

```
c2
```

Out

```
array([[0, 1, 2],
       [3, 4, 5]])
```

c3にravelメソッドを実行した結果を入れ、c4にflattenした結果を入れた後、c3およびc4のそれぞれの一部の要素を書き換えます。

In

```
c3 = c2.ravel()
c4 = c2.flatten()
c3[0] = 6
c4[1] = 7
```

　c3は以下のようになりました。

In

```
c3
```

Out

```
array([6, 1, 2, 3, 4, 5])
```

　c4は以下のようになりました。

In

```
c4
```

Out

```
array([0, 7, 2, 3, 4, 5])
```

　c2を確認すると、c3の書き換えの影響を受けていますが、c4の書き換えの影響は受けていません。

In

```
c2
```

Out

```
array([[6, 1, 2],
       [3, 4, 5]])
```

ravelメソッドは参照となり、flattenメソッドはコピーとなっていることが確認できました。

なお、Python標準のリストではスライスした結果はコピーが渡されますが、NumPyではスライスの結果は参照が渡されますので注意が必要です。

以下に例を示します。

Pythonのリストの場合です。

In

```
py_list1 = [0, 1]
py_list2 = py_list1[:]
py_list2[0] = 2
print(py_list1)
print(py_list2)
```

Out

```
[0, 1]
[2, 1]
```

次に、NumPyのndarrayの場合を示します。

In

```
np_array1 = np.array([0, 1])
np_array2 = np_array1[:]
np_array2[0] = 2
print(np_array1)
print(np_array2)
```

Out

```
[2 1]
[2 1]
```

参照とコピーは明確に区別して考える必要があります。さらにコピーには浅いコピー(Shallow Copy)と深いコピー(Deep Copy)という2つの概念があります。Pythonの標準リスト型では浅いコピーと深いコピーを区別して使いますが、NumPyのcopyメソッドはオブジェクトを別に作りますので深いコピーと同じことが行われています。

◉ 数列を返す（arange）

Python標準のrange関数のように数列を作る関数がNumPyにもあります。
arange関数を使うと、NumPy配列（ndarray）が生成されます。

In

```
np.arange(10)
```

Out

```
array([0, 1, 2, 3, 4, 5, 6, 7, 8, 9])
```

引数として1つの整数（10）を渡しましたので、0から9までの10個の整数が
配列となって出力されました。

引数として2つの整数を与えた場合も、Python標準のrange関数と同じよう
な挙動となります。

In

```
np.arange(1, 11)
```

Out

```
array([ 1,  2,  3,  4,  5,  6,  7,  8,  9, 10])
```

第1引数をスタートの値とし、第2引数の1つ手前の数値までの配列が出力さ
れました。

同様に、3つの引数を渡しても、Python標準のrange関数と同じような挙動と
なり、出力されるオブジェクトがndarrayとなります。

In

```
np.arange(1, 11, 2)
```

Out

```
array([1, 3, 5, 7, 9])
```

◉ 乱数

疑似乱数を発生させる仕組みはPython標準のrandomモジュールで提供され

ていますが、NumPyにも高速に動作する強力な乱数発生関数が備わっています。

NumPyの乱数発生には「最新のRandom Generator」と「旧来からある Legacy Generator」の2つの方法があります。ここでは最新のRandom Generatorを使った乱数生成の方法を用います。

なお、最新のRandom GeneratorはPCG64というアルゴリズムを用いています。Legacy Generatorに比べて高速で省メモリかつ、統計的な視点で見た時により性能が良い乱数が生成できます。

最新のRandom Generatorは、乱数生成器を初期化したオブジェクトを使って乱数を作っていきます。具体的な乱数生成の方法を見ていきます。

np.random.Generator.random関数は、行と列のタプルを渡すと0以上1未満の範囲の乱数の2次元配列を生成します。ここで生成される数値は実行するたびに変わります。

In

```
rng = np.random.default_rng()
f = rng.random((3, 2))
f
```

Out

```
array([[0.44429216, 0.79890133],
       [0.29230305, 0.5907549 ],
       [0.68235091, 0.52115058]])
```

0-1間のランダムな要素を持つ行列を作る際に便利な機能です。

乱数を利用すると、毎回違ったデータが生成されます。テストコードでは結果を同じにしたい場合があります。乱数のシード値を固定することで結果を固定できます。書籍で紹介するサンプルコードは、読者が実行した場合にコードにミスがないか確認しやすくするために、毎回同じ結果が出力される必要があります。そのため本書でもシード値を固定したコードを紹介します。実務で使用する乱数の場合はシード値の固定はしないことが一般的に求められます。

次の例ではシード値を固定しているので、毎回同じ値が出力されます。

In

```
rng = np.random.default_rng(123)
f = rng.random((3, 2))
f
```

```
array([[0.68235186, 0.05382102],
       [0.22035987, 0.18437181],
       [0.1759059 , 0.81209451]])
```

default_rngの引数にシード値として、123を指定しました。本書では123をシード値として採用します。

次に、ある範囲内の整数を生成するnp.random.Generator.integers関数を見てみましょう。

In

```
rng = np.random.default_rng(123)
rng.integers(1, 10)
```

Out

```
1
```

1以上10未満の整数の中から1つの整数が出力されます。ここでは1が出力されています。

np.random.Generator.integers関数は、第1引数以上かつ第2引数未満のランダムな整数値を、sizeキーワード引数でタプルを渡した行と列の2次元配列で生成できます。

In

```
rng = np.random.default_rng(123)
rng.integers(1, 10, size=(3, 3))
```

Out

```
array([[1, 7, 6],
       [1, 9, 2],
       [3, 2, 4]])
```

np.random.Generator.uniform関数は、第1引数以上かつ第2引数未満のランダムな小数値を、sizeキーワード引数でタプルを渡した行と列の2次元配列で生成します。第1引数と第2引数は省略可能で、省略すると第1引数に0.0が、第2引数に1.0がデフォルトで指定されます。np.random.Generator.integers関

数との違いは、戻り値となるndarrayの要素が小数値になることです。

In

```
rng = np.random.default_rng(123)
rng.uniform(0.0, 5.0, size=(2, 3))
```

Out

```
array([[3.41175932, 0.26910509, 1.10179936],
       [0.92185905, 0.87952951, 4.06047253]])
```

ここでは、0.0以上、5.0未満の、2×3行列の2次元配列を作りました。

In

```
rng = np.random.default_rng(123)
rng.uniform(size=(4, 3))
```

Out

```
array([[0.68235186, 0.05382102, 0.22035987],
       [0.18437181, 0.1759059 , 0.81209451],
       [0.923345  , 0.2765744 , 0.81975456],
       [0.88989269, 0.51297046, 0.2449646 ]])
```

ここでは、数値の範囲を指定していませんので、デフォルト値である0.0以上、1.0未満の、4×3行列の2次元配列を作りました。

ここまで紹介した乱数の出力は、一様乱数といわれるものです。範囲の中からデータをランダムにピックアップするようなイメージです。それに対して、正規分布（P.087）に従った乱数を出力する方法があります。ここでは、np.random.Generator.standard_normal関数を使った標準正規分布からのサンプリングとしての乱数の出力方法を確認します。

np.random.Generator.standard_normal関数は、出力される乱数が標準正規分布に従い、平均0、分散1の分布で出力されます。

In

```
rng = np.random.default_rng(123)
rng.standard_normal(size=(4, 2))
```

Out

```
array([[-0.98912135, -0.36778665],
       [ 1.28792526,  0.19397442],
       [ 0.9202309 ,  0.57710379],
       [-0.63646365,  0.54195222]])
```

　np.random.Generator.normal関数では平均、標準偏差、size（形状）を引数として正規分布の乱数が取得できます。
　ここでは、平均50、標準偏差10で3要素を出力します。

In

```
rng = np.random.default_rng(123)
rng.normal(50, 10, 3)
```

Out

```
array([40.1087865 , 46.32213349, 62.87925261])
```

◉ 同じ要素の数列を作る

　zeros関数に整数で引数を渡すと、引数で指定した要素数の 0.0 が入った配列を取得します。

In

```
np.zeros(3)
```

Out

```
array([ 0.,  0.,  0.])
```

　次に2要素のタプルを渡し、指定した行列数の2次元配列を作成します。

In

```
np.zeros((2, 3))
```

Out

```
array([[0., 0., 0.],
       [0., 0., 0.]])
```

次に、ones関数に整数で引数を渡すと、引数で指定した要素数の1.0が入った配列を取得します。

In
```
np.ones(2)
```

Out
```
array([ 1.,  1.])
```

2次元配列を作る場合は、np.zerosと同様にタプルを渡すことで作ることができます。

In
```
np.ones((3, 4))
```

Out
```
array([[ 1.,  1.,  1.,  1.],
       [ 1.,  1.,  1.,  1.],
       [ 1.,  1.,  1.,  1.]])
```

単位行列

単位行列の作り方を確認します。
eye関数を使って指定する対角要素を持った単位行列を作ることができます。

In
```
np.eye(3)
```

Out
```
array([[ 1.,  0.,  0.],
       [ 0.,  1.,  0.],
       [ 0.,  0.,  1.]])
```

指定値で埋める

指定の値で、配列を作る方法を確認します。

ここでは、full関数を使って3.14という数値を3つの要素の配列に入れています。

In

```
np.full(3, 3.14)
```

Out

```
array([ 3.14, 3.14, 3.14])
```

次に行と列を指定します。ここでは、NumPyの定数値で円周率πを表すnp.piを用いています。

In

```
np.full((2, 4), np.pi)
```

Out

```
array([[ 3.14159265, 3.14159265, 3.14159265, 3.14159265],
       [ 3.14159265, 3.14159265, 3.14159265, 3.14159265]])
```

ここで、NumPyの欠損値の穴埋めなどに使われる特殊な数値であるnp.nanを紹介します。

nanは、Not a Numberの略です。数値ではないということを宣言していますが、データ型としてはfloatに分類されます。NumPyのndarrayは、同じデータ型のみが格納できます。さらに計算を行うためには、PythonのNoneや空文字列などでは計算不可能となります。これらのために、np.nanが特殊な定数として準備されています。

In

```
np.nan
```

Out

```
nan
```

利用方法としては、次のようになります。

In

```
np.array([1, 2, np.nan])
```

Out

```
array([ 1., 2., nan])
```

◯ 範囲指定で均等割りデータを作る

linspace関数を使って、0から1までを等間隔に区切った5つの要素の配列を作ります。

In

```
np.linspace(0, 1, 5)
```

Out

```
array([ 0.  ,  0.25,  0.5 ,  0.75,  1.  ])
```

これはarange関数を使って、np.arange(0.0, 1.1, 0.25)としたのと同じです。

便利なのは以下のような場合です。以下では、0からπまでを20分割したデータを生成しています。

In

```
np.linspace(0, np.pi, 21)
```

Out

```
array([0.        , 0.15707963, 0.31415927, 0.4712389 ,
       0.62831853, 0.78539816, 0.9424778 , 1.09955743,
       1.25663706, 1.41371669, 1.57079633, 1.72787596,
       1.88495559, 2.04203522, 2.19911486, 2.35619449,
       2.51327412, 2.67035376, 2.82743339, 2.98451302,
       3.14159265])
```

ここで生成した配列はsin関数などのグラフを描く場合に利用できます。

◉ 要素間の差分

np.diff関数は、要素間の差分を返します。

5要素の配列を作り、np.diff関数に渡して動作の確認をしてみます。

In

```
l = np.array([2, 2, 6, 1, 3])
np.diff(l)
```

Out

```
array([ 0,   4,  -5,   2])
```

要素間の前後で差分をとり出力します。

◉ 連結

以前作ったNumPy配列 a と a1 を確認します。

In

```
print(a)
print(a1)
```

Out

```
[1  5  4]
[1  5  4]
```

concatenate関数を使って、連結を行います。

In

```
np.concatenate([a, a1])
```

Out

```
array([1, 5, 4, 1, 5, 4])
```

次に、2次元配列の場合を見ていきます。

以前作った2次元配列bを確認します。

In

```
b
```

Out

```
array([[1, 2, 8],
       [4, 5, 8]])
```

2次元配列である、b1を以下のように作ります。

In

```
b1 = np.array([[10], [20]])
b1
```

Out

```
array([[10],
       [20]])
```

1次元配列同様にconcatenate関数を使って連結します。
ここでは、カラム（列方向）を増やすので、axis=1と指定しています。

In

```
np.concatenate([b, b1], axis=1)
```

Out

```
array([[ 1,  2,  8, 10],
       [ 4,  5,  8, 20]])
```

hstack関数を使うと、同様の効果を得ることができます。

In

```
np.hstack([b, b1])
```

Out

```
array([[ 1,  2,  8, 10],
       [ 4,  5,  8, 20]])
```

新たに1次元配列b2を作ります。

In

```
b2 = np.array([30, 60, 45])
b2
```

Out

```
array([30, 60, 45])
```

ここでは、vstack関数を使って行を増やす方向に連結を行います。

In

```
b3 = np.vstack([b, b2])
b3
```

Out

```
array([[ 1,  2,  8],
       [ 4,  5,  8],
       [30, 60, 45]])
```

● 分割

2次元配列を分割する方法を見ていきます。

hsplit関数を使って、列の途中で分割し2つの2次元配列を作っています。ここでは、第2引数に[2]と指定していますので、1つ目の配列が2列となり、残り1列がもう1つの配列となります。

In

```
first, second = np.hsplit(b3, [2])
```

それぞれの配列を確認します。

In

```
first
```

Out

```
array([[ 1,  2],
       [ 4,  5],
       [30, 60]])
```

In

```
second
```

Out

```
array([[ 8],
       [ 8],
       [45]])
```

2つの配列に分割されていることが確認できました。次は、行方向に分割するために、vsplit関数を使います。

In

```
first1, second1 = np.vsplit(b3, [2])
```

同様に確認します。

In

```
first1
```

Out

```
array([[1, 2, 8],
       [4, 5, 8]])
```

In

```
second1
```

Out

```
array([[30, 60, 45]])
```

◎ 転置

2次元配列の行と列を入れ替えることを転置といいます。

以前の項で作ったbを確認します。

```
b
```

```
array([[1, 2, 8],
       [4, 5, 8]])
```

2×3行列となっていました。転置には、Tを使います。

```
b.T
```

```
array([[1, 4],
       [2, 5],
       [8, 8]])
```

出力結果を見ると、3×2行列となっています。

○ 次元追加

次元の追加の方法を確認します。まずは、以前作った1次元配列であるaを確認します。

```
a
```

```
array([1, 5, 4])
```

このaを2次元配列にします。行方向を指定するスライシングにnp.newaxisを指定し次元を1つ増やします。

```
a[np.newaxis, :]
```

Out

```
array([[1, 5, 4]])
```

　次に、行を追加するように、列方向を指定するスライシングにnp.newaxisを指定します。

In

```
a[:, np.newaxis]
```

Out

```
array([[1],
       [5],
       [4]])
```

　ここでは、np.newaxisを使った次元の追加方法を説明しました。同様の次元変更はreshapeを使う方法もあります。reshapeで次元を追加するには要素数を指定する必要がありますが、np.newaxisを使った方法は要素数を指定する必要がないところが便利な点です。

○ グリッドデータの生成

　meshgrid関数は、2次元上の点に対応する等高線やヒートマップなどを描く時に使用します。x座標、y座標の配列から、それらを組み合わせてできるすべての点の座標データを生成します。ここでは、2つの1次元配列を作り、機能を確認していきます。

In

```
m = np.arange(0, 4)
m
```

Out

```
array([0, 1, 2, 3])
```

In

```
n = np.arange(4, 7)
n
```

```
array([4, 5, 6])
```

mとnを行方向と列方向に方眼上（グリッド）のデータを生成します。

In

```
xx, yy = np.meshgrid(m, n)
xx
```

Out

```
array([[0, 1, 2, 3],
       [0, 1, 2, 3],
       [0, 1, 2, 3]])
```

In

```
yy
```

Out

```
array([[4, 4, 4, 4],
       [5, 5, 5, 5],
       [6, 6, 6, 6]])
```

第1戻り値であるxxに、第1引数のmを行方向に、第2引数nの配列の長さ分コピーされます。第2戻り値であるyyに、第2引数のnを列方向に、第1引数mの配列の長さ分コピーされます。

⬢ 4.1.3　NumPyの各機能

NumPyの各機能を紹介します。その前に必要な配列を準備します。最初に、NumPyをインポートし、npで利用できるようにしておきます。また、この後で使用する5個の配列を作ります。

In

```
import numpy as np

a = np.arange(3)
```

```
b = np.arange(-3, 3).reshape((2, 3))
c = np.arange(1, 7).reshape((2, 3))
d = np.arange(6).reshape((3, 2))
e = np.linspace(-1, 1, 10)
print("a:", a)
print("b:", b)
print("c:", c)
print("d:", d)
print("e:", e)
```

Out

```
a: [0 1 2]
b: [[-3 -2 -1]
    [ 0  1  2]]
c: [[1 2 3]
    [4 5 6]]
d: [[0 1]
    [2 3]
    [4 5]]
e: [-1.         -0.77777778 -0.55555556 -0.33333333
    -0.11111111  0.11111111  0.33333333  0.55555556
     0.77777778  1.                    ]
```

In

```
print("a:", a.shape)
print("b:", b.shape)
print("c:", c.shape)
print("d:", d.shape)
print("e:", e.shape)
```

Out

```
a: (3,)
b: (2, 3)
c: (2, 3)
d: (3, 2)
e: (10,)
```

● ユニバーサルファンクション

ユニバーサルファンクション（Universal Functions）は、NumPyの強力なツールの1つです。配列要素内のデータを一括で変換してくれます。

ここでは、配列要素の絶対値を返すことを見ていきます。2次元配列bの要素の絶対値を出力します。

その前に、通常のPythonの場合を確認します。以下のように2重ループを用いて実装することになります。

In

```
li = [[-3, -2, -1],
      [0,  1,  2]]
new = []
for i, j in enumerate(li):
    new.append([])
    for k in j:
        new[i].append(abs(k))
new
```

Out

```
[[3, 2, 1], [0, 1, 2]]
```

次にNumPyを用いた場合を見てみます。

In

```
np.abs(b)
```

Out

```
array([[3, 2, 1],
       [0, 1, 2]])
```

np.abs関数を実行することで内部要素の計算結果を取得できます。

その他のユニバーサルファンクションも見ていきます。

sin関数を実行しています。

In

```
np.sin(e)
```

Out

```
array([-0.84147098, -0.70169788, -0.52741539, -0.3271947 ,
        -0.11088263,  0.11088263,  0.3271947 ,  0.52741539,
         0.70169788,  0.84147098])
```

同様にcos関数を実行しています。

In

```
np.cos(e)
```

Out

```
array([ 0.54030231, 0.71247462, 0.84960756, 0.94495695,
        0.99383351, 0.99383351, 0.94495695, 0.84960756,
        0.71247462, 0.54030231])
```

ネイピア数を底とする自然対数logを、log関数にて計算します。

In

```
np.log(a)
```

Out

```
array([      -inf, 0.        ,  0.69314718])
```

-infは、マイナス無限大を意味します。log(x)は、x>0の時のみ定義されているためです。なおこの時、RuntimeWarningも出力されます。

常用対数（logの底が10の時）については、log10関数で計算できます。

In

```
np.log10(c)
```

Out

```
array([[0.        , 0.30103   , 0.47712125],
       [0.60205999, 0.69897   , 0.77815125]])
```

次に自然対数の底eについて確認します。e^xを表すために、exp関数があります。これもユニバーサルファンクションとなっています。

```
np.exp(a)
```

```
array([ 1.        ,  2.71828183,  7.3890561 ])
```

● ブロードキャスト

ブロードキャストは、ユニバーサルファンクションと同様に配列の内部データに直接演算などが行えるNumPyにとって非常に強力な機能です。

配列にスカラー（数値）を足し算する例から見ていきます。

配列aを確認します。

```
a
```

```
array([0, 1, 2])
```

この配列aに10を足し算します。

```
a + 10
```

```
array([10, 11, 12])
```

配列の要素に10が加算されています。

次に配列同士の足し算を見ていきます。まずは、足し算を行う前の配列bを確認します。

```
b
```

Out

```
array([[-3, -2, -1],
       [ 0,  1,  2]])
```

1次元配列aと2次元配列bを足し算します。

In

```
a + b
```

Out

```
array([[-3, -1,  1],
       [ 0,  2,  4]])
```

aが、2行になったような形で、bに加算されています。このように、次元が違うデータでも演算が行えるのがブロードキャストです。

もう少し、形状の違う配列同士の足し算を見ていきます。

aの次元を変換し、3×1行列に変換したものを変数a1に代入します。

In

```
a1 = a[:, np.newaxis]
a1
```

Out

```
array([[0],
       [1],
       [2]])
```

aとa1を足し算してみます。

In

```
a + a1
```

Out

```
array([[0, 1, 2],
       [1, 2, 3],
       [2, 3, 4]])
```

1次元の配列aが、3行に拡張され、3×1行列の2次元配列が3×3行列に拡張されて足し算されています。

次に、2次元配列cのそれぞれの要素からcの要素の平均値を引いた2次元配列を作る例を見ます。

まずは、cを確認します。

In

```
c
```

Out

```
array([[1, 2, 3],
       [4, 5, 6]])
```

各要素を自身の要素の平均値から引いた配列を作ります。

In

```
c - np.mean(c)
```

Out

```
array([[-2.5, -1.5, -0.5],
       [ 0.5,  1.5,  2.5]])
```

配列とスカラーの掛け算についても確認します。

In

```
b * 2
```

Out

```
array([[-6, -4, -2],
       [ 0,  2,  4]])
```

足し算同様に、各要素を2倍した配列が出力されました。

べき乗も見ていきます。

In

```
b ** 3
```

Out

```
array([[-27,  -8,  -1],
       [  0,   1,   8]])
```

各要素が、3乗されているのが確認できました。
足し算同様に、配列同士の引き算、掛け算、割り算も同様に行えます。
次に、形状の違う引き算を実行してみます。

In

```
b - a
```

Out

```
array([[-3, -3, -3],
       [ 0,  0,  0]])
```

同様に形状の違う掛け算を実行してみます。

In

```
a * b
```

Out

```
array([[ 0, -2, -2],
       [ 0,  1,  4]])
```

割り算も実行可能です。

In

```
a / c
```

Out

```
array([[0.        , 0.5       , 0.66666667],
       [0.        , 0.2       , 0.33333333]])
```

要素に0を含む割り算を実行すると、次のように無限大を表すinfが要素に含まれます（RuntimeWarningも出力されます）。

```
c / a
```

```
array([[inf, 2. , 1.5],
       [inf, 5. , 3. ]])
```

　要素に0を含んでいる可能性がある配列で割る場合にinfが出ないようにするために、微少な数値を足すというテクニックを紹介します。1e-6（10^{-6}）という非常に小さな数値を割る配列に足してから割り算を実行します。

```
c / (a+1e-6)
```

```
array([[1.00000000e+06, 1.99999800e+00, 1.49999925e+00],
       [4.00000000e+06, 4.99999500e+00, 2.99999850e+00]])
```

　0以外で割る要素は計算結果としてほぼ同じ数値となり、0で割る要素は非常に大きな数値が出力されます。無限大であるinfをなくし近似で計算するという方法を使う場面もあります。

◉ 配列の掛け算

　2次元配列bと1次元配列aの積を求めます。
　配列の掛け算はdot関数を用いて求められます。

```
np.dot(b, a)
```

```
array([-4,  5])
```

　Python3.5以降では、@演算子が利用できます。

In

```
b @ a
```

Out

```
array([-4,  5])
```

同様の結果が出力されます。

　第3章で学習したように、配列の掛け算は配列（行列）の形状が重要です。上記の例では、2×3行列と3要素の1次元配列の積を求めましたので、2要素の1次元配列が返ってきました。

　掛ける順番を逆にして、3要素の1次元配列と2×3行列の積を求めようとするとValueErrorが送出されます。

　次に2次元配列同士の積を求めます。

In

```
b @ d
```

Out

```
array([[ -8, -14],
       [ 10,  13]])
```

　ここでは、2×3行列と3×2行列の積を求めていますので、2×2行列が出力されます。

　配列を逆にした積の出力を確認します。

In

```
d @ b
```

Out

```
array([[  0,   1,   2],
       [ -6,  -1,   4],
       [-12,  -3,   6]])
```

　3×2行列と2×3行列の積を求めましたので、3×3行列が返ってきます。

○ 判定・真偽値

　配列とスカラーを演算子で比較すると、比較結果の真偽値(True/False)が同じ形状の配列で出力されます。

　いくつかの例を見てみます。

In

```
a > 1
```

Out

```
array([False, False,  True])
```

In

```
b > 0
```

Out

```
array([[False, False, False],
       [False, True, True]])
```

　結果の通り、1次元配列でも2次元配列でも各要素とスカラーを比較した結果が配列として返ってきます。

　真偽値の配列を使って条件に合う要素の数を求めることが簡単にできます。

　Trueの数をカウントします。

In

```
np.count_nonzero(b > 0)
```

Out

```
2
```

　np.count_nonzeroは、0でない要素数を出力します。PythonではFalseを0として扱うので、Trueの数である2と出力されています。

　同様の結果は、np.sum関数を使っても求めることができます。

In

```
np.sum(b > 0)
```

Out

  2

　np.sumは要素の値をすべて足し算しますが、Trueを1と扱うので上記と同じ結果となりました。

　要素の中に、Trueが含まれているかどうかを判定するnp.anyで結果を出力します。

In

```
np.any(b > 0)
```

Out

  True

　先ほどから見ている通り、b>0の結果は、2つのTrueと4つのFalseで構成されているので、1つ以上Trueが含まれており、結果としてTrueが出力されます。

　次に、すべてがTrueかどうかをnp.allを使って判定します。

In

```
np.all(b > 0)
```

Out

  False

　要素に、Falseが含まれていますので、結果としてFalseが出力されています。

　上記の真偽値配列を使って、条件に合致したものだけの要素を新たな配列として出力する方法を見ていきます。

In

```
b[b > 0]
```

Out

  array([1, 2])

　b>0がTrueとなる、要素のみが出力されています。

ここまでは、配列とスカラーを比較していましたが、配列同士でも比較できます。

```
b == c
```

```
array([[False, False, False],
       [False, False, False]])
```

　ここでは、同じ形状の配列の要素同士を比較しましたので、同じ形状で要素を1つずつ演算しています。

　次の例では、1次元配列と2次元配列の比較を行っています。

```
a == b
```

```
array([[False, False, False],
       [ True,  True,  True]])
```

　ブロードキャストの項で説明したように、形状が合わない場合はブロードキャストのルールに従って形状を合わせて比較が行われました。

　これらを応用すると、以下のように複数の配列の比較を行い、それらのビット演算で結果を出力できます。

```
(b == c) | (a == b)
```

```
array([[False, False, False],
       [ True,  True,  True]])
```

　この結果を応用して、複数の配列の条件に合う要素のみを配列から取得することができます。

In

```
b[(b == c) | (a == b)]
```

Out

```
array([0, 1, 2])
```

ここまでは、要素に着目した判定を行ってきました。
配列同士が同じ要素で構成されているかを確認する方法を見ていきます。

In

```
np.allclose(b, c)
```

Out

```
False
```

np.allcloseはすべての要素が同じであるかという判定をしているのではなく、
誤差の範囲かを見ています。
以下のように絶対誤差をatolキーワード引数で指定できます。

In

```
np.allclose(b, c, atol=10.0)
```

Out

```
True
```

ここでは、誤差を10としましたのですべての要素が誤差範囲内になり、True
が返ってきました。
この誤差は、浮動小数点数計算の誤差などを無視したい場合に非常に便利な機
能となります。

● 関数とメソッド

ここまで、要素の平均や合計を求める際に、NumPyの関数を用いて表現しま
した。
例えば、aの要素の合計を求めるには次のようにnp.sum関数を用いました。

```
np.sum(a)
```

3

これと同様のことを、配列のメソッドを使って実行することができます。

```
a.sum()
```

3

　上記の2つは内部的には同じ動作をしています。合計を例に説明しましたが、多くのNumPyの関数はメソッド呼び出しもサポートしています。

　本書では、よりPythonicな関数を用いた表現に統一していますが、どちらを使っても間違いではありません。読者のみなさんは統一にこだわらず使いやすい方を使えばよいと考えています。

4.2 pandas

pandasはPythonでのデータ分析のツールとして最も活用されており、データの入手や加工など多くのデータ処理に使われています。

🔷 4.2.1 pandasの概要

● pandasとは

pandasは、NumPyを基盤にシリーズ(Series)とデータフレーム (DataFrame)というデータ型を提供しています。この節ではこれらのデータ型を使っていきます。

pandasを利用するには、以下のようにインポートします。

In

```
import pandas as pd
```

NumPyの時に行ったように、asキーワードを使って、pdで呼び出せるようにしています。

● Seriesとは

Seriesは1次元データです。Seriesオブジェクトを作るには、Seriesを使います。

In

```
ser = pd.Series([10, 20, 30, 40])
ser
```

Out

```
0    10
1    20
2    30
3    40
dtype: int64
```

4要素のSeriesオブジェクトを作り、その内容を表示しました。

このSeriesの要素はすべて整数でしたので、自動的にint64というデータ型が割り当てられています。

● DataFrameとは

DataFrameは2次元のデータです。DataFrameオブジェクトを作るには、DataFrameを使います。

In

```
df = pd.DataFrame([[10, "a", True],
                   [20, "b", False],
                   [30, "c", False],
                   [40, "d", True]])
df
```

Out

	0	1	2
0	10	a	True
1	20	b	False
2	30	c	False
3	40	d	True

4×3行列のDataFrameを作り、内容を表示しました。

このDataFrameの要素は、1列目は要素が整数、2列目は要素が文字列、3列目はboolの要素になっています。列ごとに要素のデータ型が決められています。これにより列ごとのデータの計算が容易に行えます。もし、1つの列に整数や文字列が混在している場合は、データ型がオブジェクトとなります。データ型がオブジェクトの場合は、数値計算が行えません。

● DataFrameの概要を見る

DataFrameの概要を確認します。

まずは、NumPyのarange関数を使って25×4行列のデータを生成し、DataFrameを作ります。

In

```
import numpy as np
df = pd.DataFrame(np.arange(100).reshape((25, 4)))
```

dfを直接呼び出すと、DataFrameのすべての情報が出力されます。

In

```
df
```

Out

	0	1	2	3
0	0	1	2	3
1	4	5	6	7
2	8	9	10	11
3	12	13	14	15
4	16	17	18	19
		(中略)		
20	80	81	82	83
21	84	85	86	87
22	88	89	90	91
23	92	93	94	95
24	96	97	98	99

headメソッドを使用して、このDataFrameの先頭の5行のみを出力します。

In

```
df.head()
```

Out

	0	1	2	3
0	0	1	2	3
1	4	5	6	7
2	8	9	10	11
3	12	13	14	15
4	16	17	18	19

今度は、tailメソッドを使用して末尾の5行を出力します。

```
df.tail()
```

	0	1	2	3
20	80	81	82	83
21	84	85	86	87
22	88	89	90	91
23	92	93	94	95
24	96	97	98	99

DataFrameのサイズを知るには、shape属性を使います。

```
df.shape
```

```
(25, 4)
```

25×4行列のDataFrameであることが確認できました。

● インデックス名、カラム名

DataFrameには、わかりやすいインデックス名（行の名前）やカラム名（列の名前）を指定できます。

まずは、いままで通りDataFrameを作ります。

```
df = pd.DataFrame(np.arange(6).reshape((3, 2)))
```

この段階では、インデックス名、カラム名ともに自動で数字が0から割り当てられています。

In

```
df
```

Out

	0	1
0	0	1
1	2	3
2	4	5

　次の例では、インデックス名に文字列で、01から順に割り当てます。カラム名には、Aから順番にアルファベットを割り当てます。ここではインデックス名とカラム名を数値やアルファベットの順番に定義しました。インデックス名およびカラム名は任意の文字列や数値などを指定することができます。順番を持つような値である必要はありません。

In

```
df.index = ["01", "02", "03"]
df.columns = ["A", "B"]
```

　インデックス名とカラム名を設定したDataFrameを見てみます。

In

```
df
```

Out

	A	B
01	0	1
02	2	3
03	4	5

　このように、わかりやすくデータにラベルが付けられました。
　先ほどは、DataFrame作成後にインデックス名とカラム名を付与しました。DataFrame作成時にインデックス名とカラム名を設定する場合は次のようにします。

```
named_df = pd.DataFrame(np.arange(6).reshape((3, 2)),
                        columns=["A列", "B列"],
                        index=["1行目", "2行目", "3行目"])
named_df
```

	A列	B列
1行目	0	1
2行目	2	3
3行目	4	5

　辞書（dict）形式でDataFrameを作る方法もよく利用されます。カラムごとにまとまったデータがある場合にはこの方法が便利です。ここでは、カラム名だけを指定し、インデックス名は0から連番で割り当てられます。

```
pd.DataFrame({"A列": [0, 2, 4], "B列": [1, 3, 5]})
```

	A列	B列
0	0	1
1	2	3
2	4	5

◉ データの抽出

　データを改めて作り、データの抽出方法を確認していきます。

```
import numpy as np
import pandas as pd
df = pd.DataFrame(np.arange(12).reshape((4, 3)),
        columns=["A", "B", "C"],
        index=["1行目", "2行目", "3行目", "4行目"])
df
```

Out

	A	B	C
1行目	0	1	2
2行目	3	4	5
3行目	6	7	8
4行目	9	10	11

　カラム名を直接指定して抽出する方法を見ていきます。

In

```
df["A"]
```

Out

```
1行目    0
2行目    3
3行目    6
4行目    9
Name: A, dtype: int64
```

　ここでは、Aカラムのみを取得しました。結果は1次元データなので、Series
オブジェクトが返ってきます。なお、Windowsでは、末尾にdtype('int32')と
表示される場合があります。
　次に、複数のカラムを取得します。

In

```
df[["A", "B"]]
```

Out

	A	B
1行目	0	1
2行目	3	4
3行目	6	7
4行目	9	10

　この例では、カラムの指定をリストで行っています。このようにリストで指定
すると、カラム名が同じデータが抽出されてDataFrameが出力されます。

次に、インデックス値を指定しデータを抽出します。

In
```
df[:2]
```

Out

	A	B	C
1行目	0	1	2
2行目	3	4	5

インデックス番号の0と1である、1行目と2行目が出力されました。Python
のリストと同じような動作になります。

ここまでは、DataFrameに[]（角括弧）でデータの抽出をしました。ここから
は、locとilocという2つのインデクサを使った抽出方法を確認します。これら2
つのインデクサを使った抽出方法の方が、角括弧で指定する方法よりも明示的で
す。これらのインデクサでは、必ずインデックスおよびカラムの両方を指定しな
ければならず少し面倒に感じると思いますが、曖昧性がなくなります。

まずは、抽出条件を付けず、DataFrameのすべてを出力する方法を確認しま
す。コピーではなく参照である点に注意が必要です。詳しくは、本章4.1節内の
「参照とコピー(copy)」（P.102）を確認してください。

In
```
df.loc[:, :]
```

Out

	A	B	C
1行目	0	1	2
2行目	3	4	5
3行目	6	7	8
4行目	9	10	11

: はすべてを出力という意味になりますので、まったく同じDataFrameが出
力されました。

次の例では、locインデクサを使ってAカラムのみをSeriesとして抽出します。
これは、df["A"]と同じ結果となります。すべてのインデックス方向の要素を出力

したいので、locの1つ目の値にすべての要素を表す記号：を指定します。

In
```
df.loc[:, "A"]
```

Out
```
1行目    0
2行目    3
3行目    6
4行目    9
Name: A, dtype: int64
```

　複数のカラムを抽出する方法をlocインデクサを使って実行します。これは、df[["A", "B"]]と同じ結果となります。

In
```
df.loc[:, ["A", "B"]]
```

Out

	A	B
1行目	0	1
2行目	3	4
3行目	6	7
4行目	9	10

　次に、インデックス方向の抽出を見ていきます。

In
```
df.loc["1行目", :]
```

Out
```
A    0
B    1
C    2
Name: 1行目, dtype: int64
```

　1つのインデックス名を指定して、すべてのカラムを出力しました。

次のコードでは、複数のインデックス名を指定し、すべてのカラムを出力しています。

In

```
df.loc[["1行目", "3行目"], :]
```

Out

	A	B	C
1行目	0	1	2
3行目	6	7	8

インデックス名とカラム名の両方を指定した例を見てみます。

In

```
df.loc[["1行目"], ["A", "C"]]
```

Out

	A	C
1行目	0	2

ここまでは、loc インデクサを使ってきました。ここからは iloc インデクサの使い方を見ていきます。iloc インデクサでは、インデックス名・カラム名ではなく、インデックス番号・カラム番号を指定して値を抽出します。それらの番号は0から始まり、順番に1、2 と整数値を用います。

最初に、インデックス番号1で、カラム番号1を指定します。

In

```
df.iloc[1, 1]
```

Out

```
4
```

インデックスおよびカラムを範囲ではなく位置で指定したので、結果は指定した位置にある値（ここでは整数の4）が出力されました。

インデックスを範囲、カラムを位置で指定してみます。

In

```
df.iloc[1:, 1]
```

Out

```
2行目     4
3行目     7
4行目    10
Name: B, dtype: int64
```

1つのカラムを指定しましたので、Seriesが戻ってきました。次に、インデックスとカラムをどちらも範囲で指定します。この例ではDataFrameが戻ります。

In

```
df.iloc[1:, :2]
```

Out

	A	B
2行目	3	4
3行目	6	7
4行目	9	10

4.2.2　データの読み込み・書き込み

pandasを使って外部ファイルの読み込みと書き込みを行います。

● データ読み込み：CSVファイル

事前に準備した、1ヶ月分の歩数と摂取カロリーが収められているCSVファイルを読み込みます（この節で使用するサンプルデータは、P.vの「付属データのご案内」より入手できます）。

In

```
import pandas as pd
df = pd.read_csv("data/202204health.csv",
                encoding="utf-8")
df
```

	日付	歩数	摂取カロリー
0	2022-04-01	5439	2500
1	2022-04-02	2510	2300
2	2022-04-03	10238	1950
3	2022-04-04	8209	1850
4	2022-04-05	9434	1930
	(中略)		
25	2022-04-26	7492	1850
26	2022-04-27	7203	1930
27	2022-04-28	7302	1850
28	2022-04-29	6033	2300
29	2022-04-30	4093	1950

● データ読み込み：Excelファイル

　CSVファイルと同様に事前に準備した、1ヶ月分の歩数と摂取カロリーが収められているExcelファイルを読み込みます。

In

```
df = pd.read_excel("data/202204health.xlsx")
df
```

Out

	日付	歩数	摂取カロリー
0	2022-04-01	5439	2500
1	2022-04-02	2510	2300
2	2022-04-03	10238	1950
3	2022-04-04	8209	1850
4	2022-04-05	9434	1930
	(中略)		
25	2022-04-26	7492	1850
26	2022-04-27	7203	1930
27	2022-04-28	7302	1850
28	2022-04-29	6033	2300
29	2022-04-30	4093	1950

● データ読み込み：WebサイトのHTMLから表を取得

WebサイトのHTML内のtable要素から直接、DataFrameに取り込むことが可能です。

ここでは、日本語版Wikipediaサイトの「トップレベルドメイン一覧」から「国別コードトップレベルドメイン」の表を抜き出します。

● トップレベルドメイン一覧

URL https://ja.wikipedia.org/wiki/トップレベルドメイン一覧

In

```
url = "https://ja.wikipedia.org/wiki/%E3%83%88%E3%83%83%➡
E3%83%97%E3%83%AC%E3%83%99%E3%83%AB%E3%83%89%E3%83%A1%➡
E3%82%A4%E3%83%B3%E4%B8%80%E8%A6%A7"
tables = pd.read_html(url, flavor="html5lib")
```

WebサイトのHTML内にあるtable要素を抜き出します。複数のtable要素がある場合でも取得してくれます。ここでは、html5libを使うようにしています。デフォルトではlxmlが利用されますが本書ではhtml5libをインストールしているので、ここで指定しています。

取得できたtable要素の数を以下のコマンドで確認していきます。

In

```
len(tables)
```

Out

41

取得したページ内には、41個のテーブルがあることがわかりました。read_htmlの結果はDataFrameのリストになっています。その中にある目的の「国別コードトップレベルドメイン」は、5番目の表となっていました。よってインデックス番号4で目的のテーブルが取得できます。なお、ページの内容が書き換わっている場合もあるので、取得したいデータを確認して何番目の表を取得したいかを再確認してください。

```
df = tables[4]
df
```

	Name	Entity	Explanation	Notes	IDN	DNSSEC	SLD	IPv6
0	.ac	アセンショ ン島	NaN	広く学術的なサイ ト（大学など）の ために用いられ る。アセンション 島はイギリス領で あ る が、 イ ギ リ...	Yes	Yes	Yes	Yes
1	.ad	アンドラ	NaN	アンドラにおける 商標または市民権 が 必 要 と な る [7][8]。	NaN	Yes	Yes	NaN
2	.ae	アラブ首長 国連邦	NaN	NaN	NaN	No	Yes	NaN
3	.af	アフガニス タン	NaN	NaN	NaN	Yes	Yes	NaN
4	.ag	アンティグ ア・バー ブーダ	NaN	AGがドイツの株 式 会 社 （Aktienge sellschaft） の略称であること か ら、 非 公 式 に...	NaN	Yes	Yes	NaN
			(中略)					
248	.ye	イエメン	NaN	NaN	NaN	No	No	NaN
249	.yt	マヨット島	NaN	欧州連合・スイ ス・ノルウェー・ アイスランド・リ ヒテンシュタイン の個人・企業に限 る[cctld...	Yes[cctld 12]	Yes	Yes	NaN
250	.za	南アフリカ	Zuid- Afrika（オ ランダ語）	NaN	NaN	No	No	NaN
251	.zm	ザンビア	NaN	NaN	NaN	Yes	Yes[cctld 28]	NaN
252	.zw	ジンバブエ	NaN	NaN	NaN	No	No	NaN

253 rows × 8 columns

WebサイトのHTMLを簡単にDataFrameに変換できました。

◎ データ書き込み：CSVファイル

先ほどWikipediaサイトから作成したDataFrameを、CSVファイルとして
書き出します。

In

```
df.to_csv("data/write_data.csv")
```

HTMLから取り出したテーブルデータが格納されている、CSVファイルがで
きていることを確認してください。

◎ データ書き込み：Excelファイル

CSV同様にExcelファイルに書き出します。Excelファイルの書き出しには、
to_excelメソッドを利用します。

In

```
df.to_excel("data/write_data.xlsx")
```

Excelでファイルを開いて確認をしてください。

◎ データの再利用

ここまでは、一般のファイル形式でデータを書き出してきました。ここでは、
pandasのDataFrameそのままをファイルとして保存し、再利用できるように
します。

DataFrameをファイル形式で保存する方法は複数存在しますが、ここでは
Python標準ライブラリのpickle（P.040）を使う方法を用います。

pickleモジュールは、Pythonのオブジェクトを直列化し、ファイルへの書き
込みおよび読み込みが可能です。

In

```
df.to_pickle("data/write_df.pickle")
```

to_pickleメソッドを実行し、ファイルに書き出します。

反対に読み込む時は、次のように行います。

```
df = pd.read_pickle("data/write_df.pickle")
```

read_pickle関数を使ってpickle形式に直列化されたデータを読み込むことが可能です。

🔷 4.2.3 データの整形

この項では、データの整形、条件抽出、並べ替えなどを行います。

まずは、pandasを使う時に必要になるライブラリのインポートを改めて行います。

```
import pandas as pd
import numpy as np
```

このインポートはJupyterLab上で実行している場合は、1つのNotebook内で1度だけ実行する必要があります。

● 使用するデータの読み込み

前項で使用した、歩数と摂取カロリーのExcelファイルを変数dfに改めて読み込みます。

```
df = pd.read_excel("data/202204health.xlsx")
df
```

	日付	歩数	摂取カロリー
0	2022-04-01	5439	2500
1	2022-04-02	2510	2300
2	2022-04-03	10238	1950
3	2022-04-04	8209	1850
4	2022-04-05	9434	1930
	(中略)		
25	2022-04-26	7492	1850

26	2022-04-27	7203	1930
27	2022-04-28	7302	1850
28	2022-04-29	6033	2300
29	2022-04-30	4093	1950

◎ 条件で抽出

10,000歩以上の日のみを抽出します。

In

```
df.loc[:, "歩数"] >= 10000
```

Out

```
0      False
1      False
2       True
3      False
4      False
(中略)
25     False
26     False
27     False
28     False
29     False
Name: 歩数, dtype: bool
```

bool型のSeriesが返ってきました。これは各行が条件にマッチしているかどうかをTrue/Falseで表したものです。

このbool型のSeriesをDataFrameに当てはめて、Trueの行だけを抽出することができます。

In

```
df_selected = df.loc[df.loc[:, "歩数"] >= 10000, :]
df_selected
```

	日付	歩数	摂取カロリー
2	2022-04-03	10238	1950
8	2022-04-09	12045	1950
12	2022-04-13	10287	1800
19	2022-04-20	15328	1800
20	2022-04-21	12849	1940

　出力結果を見ると、歩数が10,000以上の行のみが、新しいDataFrameである df_selectedに入っていることがわかります。

　行数と列数を確認してみます。

In

```
df_selected.shape
```

Out

```
(5, 3)
```

　5×3行列のDataFrameだということがわかります。

　条件を指定してデータを抽出する別の方法を確認します。queryメソッドを使う方法を見てみましょう。

In

```
df.query('歩数 >= 10000 and 摂取カロリー <= 1800')
```

Out

	日付	歩数	摂取カロリー
12	2022-04-13	10287	1800
19	2022-04-20	15328	1800

　SQL構文のように条件を書き抽出できます。ここでは歩数が10,000以上で、摂取カロリーが1,800以下の行のみを抽出しています。

● データ型変換

　データ型の変換を行う前に、現在のデータ型を確認します。

In

```
df.dtypes
```

Out

```
日付              object
歩数               int64
摂取カロリー          int64
dtype: object
```

　df.dtypesを使って各カラムのデータ型を確認しました。日付カラムが、objectになっていることがわかりました。これは、文字列として日付カラムが扱われているということです。

　ここで、applyメソッドを使って一括でdatetime型にしたものを、新たなカラムdateに入れましょう。

In

```
df.loc[:, 'date'] = df.loc[:, '日付'].apply(pd.to_datetime)
```

　カラム日付に対して、applyメソッドを使うことで、データを変換し"date"カラムに挿入します。applyは、データ1つずつに順次関数を適用するものです。ここでは、日付型を返すpandasのto_datetime関数を実行しています。

　データの確認をします。

In

```
df.loc[:, "date"]
```

Out

```
0     2022-04-01
1     2022-04-02
2     2022-04-03
3     2022-04-04
4     2022-04-05
(中略)
25    2022-04-26
26    2022-04-27
27    2022-04-28
28    2022-04-29
```

```
29    2022-04-30
Name: date, dtype: datetime64[ns]
```

新たなdateカラムには、datetime64型で入っていることがわかりました。

to_datetime関数は、文字列やPythonのdatetime型などをパースし変換してくれる関数です。入力の形式によって戻り値が変わります。詳しくは、公式ドキュメント（to_datetime）を参照してください。

● **pandas.to_datetime**

URL https://pandas.pydata.org/docs/reference/api/pandas.to_datetime.html

DataFrameの全体を確認してみます。

In

```
df
```

Out

	日付	歩数	摂取カロリー	date
0	2022-04-01	5439	2500	2022-04-01
1	2022-04-02	2510	2300	2022-04-02
2	2022-04-03	10238	1950	2022-04-03
3	2022-04-04	8209	1850	2022-04-04
4	2022-04-05	9434	1930	2022-04-05
		（中略）		
25	2022-04-26	7492	1850	2022-04-26
26	2022-04-27	7203	1930	2022-04-27
27	2022-04-28	7302	1850	2022-04-28
28	2022-04-29	6033	2300	2022-04-29
29	2022-04-30	4093	1950	2022-04-30

dateカラムが新たに追加されていることがわかりました。

今度は、摂取カロリーをastypeメソッドを使いfloat型に変換します。

In

```
df.loc[:, "摂取カロリー"] = df.loc[:, "摂取カロリー"].astype(
                                              np.float32)
```

続いて、インデックスにdateカラムの値を設定します。

In

```
df = df.set_index("date")
```

上記の2件の操作の確認を行います。ここでは、先頭の5行のみを出力して確認します。

In

```
df.head()
```

Out

	日付	歩数	摂取カロリー
date			
2022-04-01	2022-04-01	5439	2500.0
2022-04-02	2022-04-02	2510	2300.0
2022-04-03	2022-04-03	10238	1950.0
2022-04-04	2022-04-04	8209	1850.0
2022-04-05	2022-04-05	9434	1930.0

インデックスにdateカラムの値が入り、dateカラムがなくなりました。さらに、摂取カロリーの値が小数点表示に変わっています。

○ 並べ替え

データの並べ替えについて確認します。

In

```
df.sort_values(by="歩数")
```

sort_valuesメソッドを使い、ここでは歩数のカラムで並べ替えを行っています。デフォルトで昇順で並べ替えが行われます。

Out

	日付	歩数	摂取カロリー
date			
2022-04-02	2022-04-02	2510	2300.0

	日付	歩数	摂取カロリー
2022-04-23	2022-04-23	3890	1950.0
2022-04-22	2022-04-22	4029	2300.0
2022-04-30	2022-04-30	4093	1950.0
2022-04-08	2022-04-08	4873	2300.0
	(中略)		
2022-04-03	2022-04-03	10238	1950.0
2022-04-13	2022-04-13	10287	1800.0
2022-04-09	2022-04-09	12045	1950.0
2022-04-21	2022-04-21	12849	1940.0
2022-04-20	2022-04-20	15328	1800.0

次に、降順に出力してみます。

In

```
df.sort_values(by="歩数", ascending=False).head()
```

Out

	日付	歩数	摂取カロリー
date			
2022-04-20	2022-04-20	15328	1800.0
2022-04-21	2022-04-21	12849	1940.0
2022-04-09	2022-04-09	12045	1950.0
2022-04-13	2022-04-13	10287	1800.0
2022-04-03	2022-04-03	10238	1950.0

ここでは、先頭の5行のみを出力しました。

◎ 不要なカラムの削除

不要なカラムを削除します。

In

```
df = df.drop("日付", axis=1)
```

日付カラムは、すでにインデックスにdatetimeに変換した値を入れていますので、不要となっています。

ここでは、データの末尾5行で確認します。

In

```
df.tail()
```

Out

	歩数	摂取カロリー
date		
2022-04-26	7492	1850.0
2022-04-27	7203	1930.0
2022-04-28	7302	1850.0
2022-04-29	6033	2300.0
2022-04-30	4093	1950.0

dateをインデックスにし、歩数と摂取カロリーのDataFrameができあがりました。

● 計算結果の挿入

カラム同士の計算結果を新たなカラムに挿入する方法を見ていきます。

歩数を摂取カロリーで割った値を、歩数/カロリーというカラムを作り挿入します。ここでは、括弧を使って式を改行しています。Pythonでは計算式の途中で改行をする場合に括弧を用いることがあります。

In

```
df.loc[:, "歩数/カロリー"] = (df.loc[:, "歩数"] /
                            df.loc[:, "摂取カロリー"])
df
```

Out

	歩数	摂取カロリー	歩数/カロリー
date			
2022-04-01	5439	2500.0	2.175600
2022-04-02	2510	2300.0	1.091304
2022-04-03	10238	1950.0	5.250256
2022-04-04	8209	1850.0	4.437297
2022-04-05	9434	1930.0	4.888083
	(中略)		
2022-04-26	7492	1850.0	4.049730

2022-04-27	7203	1930.0	3.732124
2022-04-28	7302	1850.0	3.947027
2022-04-29	6033	2300.0	2.623043
2022-04-30	4093	1950.0	2.098974

ここで計算を関数化した例を紹介します。

歩数/カロリーをもとに、新たに運動指数カラムを作ります。その条件は、3以下をLow、3を超え6以下をMid、6を超えるのをHighとします。

exercise_judgeという関数を定義します。

In

```python
def exercise_judge(ex):
    if ex <= 3.0:
        return "Low"
    elif 3.0 < ex <= 6.0:
        return "Mid"
    else:
        return "High"
```

applyメソッドを使い、歩数/カロリーの値に対して適用し、その結果を運動指数カラムに格納します。

In

```python
df.loc[:, "運動指数"] = df.loc[:, "歩数/カロリー"].apply(
                                            exercise_judge)
df
```

Out

	歩数	摂取カロリー	歩数/カロリー	運動指数
date				
2022-04-01	5439	2500.0	2.175600	Low
2022-04-02	2510	2300.0	1.091304	Low
2022-04-03	10238	1950.0	5.250256	Mid
2022-04-04	8209	1850.0	4.437297	Mid
2022-04-05	9434	1930.0	4.888083	Mid
		(中略)		
2022-04-26	7492	1850.0	4.049730	Mid
2022-04-27	7203	1930.0	3.732124	Mid

2022-04-28	7302	1850.0	3.947027	Mid
2022-04-29	6033	2300.0	2.623043	Low
2022-04-30	4093	1950.0	2.098974	Low

　この操作で、dateをインデックスとした、「歩数」、「摂取カロリー」、「歩数／カロリー」、「運動指数」のDataFrameができました。

　pickleを使い、df_202204health.pickleというファイル名でDataFrameを保存しておきます。

In

```
df.to_pickle("data/df_202204health.pickle")
```

　ここで運動指数に入っている["High", "Mid", "Low"]のデータを、3カラムに分割し該当箇所に1を入れ、非該当箇所に0を入れたDataFrameをget_dummies関数を使って作ります。ここでは、引数にprefix="運動"と与えてカラム名の先頭の文字を決めています。

In

```
df_moved = pd.get_dummies(df.loc[:, "運動指数"],
                          prefix= "運動")
df_moved
```

Out

date	運動_High	運動_Low	運動_Mid
2022-04-01	0	1	0
2022-04-02	0	1	0
2022-04-03	0	0	1
2022-04-04	0	0	1
2022-04-05	0	0	1
	(中略)		
2022-04-26	0	0	1
2022-04-27	0	0	1
2022-04-28	0	0	1
2022-04-29	0	1	0
2022-04-30	0	1	0

ここで使われているのはOne-hotエンコーディングという技術です。詳細は、本章4.4節内の「4.4.1前処理」（P.214）で詳しく説明します。

このデータは後ほど使いますので、pickleで保存しておきます。

```
df_moved.to_pickle("data/df_202204moved.pickle")
```

4.2.4　時系列データ

この項では、毎月や毎週などの、時系列データを扱います。

1ヶ月分のデータを作る

1ヶ月分の日付の配列を開始日付および終了日付を設定して作成します。

```
import pandas as pd
import numpy as np
dates = pd.date_range(start="2022-04-01",
                      end="2022-04-30")
dates
```

```
DatetimeIndex(['2022-04-01', '2022-04-02', '2022-04-03',
               '2022-04-04', '2022-04-05', '2022-04-06',
               '2022-04-07', '2022-04-08', '2022-04-09',
               '2022-04-10', '2022-04-11', '2022-04-12',
               '2022-04-13', '2022-04-14', '2022-04-15',
               '2022-04-16', '2022-04-17', '2022-04-18',
               '2022-04-19', '2022-04-20', '2022-04-21',
               '2022-04-22', '2022-04-23', '2022-04-24',
               '2022-04-25', '2022-04-26', '2022-04-27',
               '2022-04-28', '2022-04-29', '2022-04-30'],
              dtype='datetime64[ns]', freq='D')
```

できあがった1ヶ月分の日付の配列をインデックスにしたDataFrameを作ります。データ自体には乱数を設定します。

In

```
rng = np.random.default_rng(123)
df = pd.DataFrame(rng.integers(1, 31, size=30),
                  index=dates,
                  columns=["乱数値"])
df
```

Out

	乱数値
2022-04-01	1
2022-04-02	21
2022-04-03	18
2022-04-04	2
(中略)	
2022-04-26	25
2022-04-27	24
2022-04-28	7
2022-04-29	13
2022-04-30	23

○ 1年分365日のデータを作る

ここでは、開始日付から1年分365日の日付の配列を作ります。

In

```
dates = pd.date_range(start="2022-01-01", periods=365)
dates
```

Out

```
DatetimeIndex(['2022-01-01', '2022-01-02', '2022-01-03',
               '2022-01-04', '2022-01-05', '2022-01-06',
               '2022-01-07', '2022-01-08', '2022-01-09',
               '2022-01-10',
               ...
               '2022-12-22', '2022-12-23', '2022-12-24',
               '2022-12-25', '2022-12-26', '2022-12-27',
               '2022-12-28', '2022-12-29', '2022-12-30',
```

```
                    '2022-12-31'],
                    dtype='datetime64[ns]', length=365,
                    freq='D')
```

表示上省略されていますが、全部で365個の日付の配列となっています。
先ほどと同様に365行のDataFrameを作ります。

In

```
rng = np.random.default_rng(123)
df = pd.DataFrame(
            rng.integers(1, 31, size=365),
            index=dates,
            columns=["乱数値"])
df
```

Out

	乱数値
2022-01-01	1
2022-01-02	21
2022-01-03	18
2022-01-04	2
2022-01-05	28
(中略)	
2022-12-27	23
2022-12-28	17
2022-12-29	2
2022-12-30	7
2022-12-31	23

365 rows × 1 columns

● 月平均のデータにする

365日分のデータを使って毎月の平均値を求めてみます。

In

```
df.groupby(pd.Grouper(freq='M')).mean()
```

Out

	乱数値
2022-01-31	14.516129
2022-02-28	12.892857
2022-03-31	16.935484
2022-04-30	12.933333
2022-05-31	16.612903
2022-06-30	14.200000
2022-07-31	14.161290
2022-08-31	15.935484
2022-09-30	13.500000
2022-10-31	13.483871
2022-11-30	14.300000
2022-12-31	17.741935

　groupbyメソッドを使い、データのサマライズを行っています。引数に freq='M'を指定しました。Grouperでは、周期的なグルーピングを行うことが できます。ここでは、freq='M'とし、月ごとのデータにグルーピングするように しました。詳しくは、公式ドキュメント（Grouper）を参照してください。

● pandas.Grouper
URL　https://pandas.pydata.org/pandas-docs/stable/generated/pandas.Grouper.html

　次の例として、引数のカラムを乱数に固定して、resampleメソッドを使い毎 月の平均値を出力しています。

In
```
df.loc[:, "乱数値"].resample('M').mean()
```

Out
```
2022-01-31    14.516129
2022-02-28    12.892857
2022-03-31    16.935484
2022-04-30    12.933333
2022-05-31    16.612903
2022-06-30    14.200000
2022-07-31    14.161290
```

```
2022-08-31    15.935484
2022-09-30    13.500000
2022-10-31    13.483871
2022-11-30    14.300000
2022-12-31    17.741935
Freq: M, Name: 乱数値, dtype: float64
```

カラムを固定しましたので、Seriesで出力されます。

○ 複雑な条件のインデックス

最初に、1年分の土曜日の日付データの作り方を確認します。

In

```
pd.date_range(start="2022-01-01", end="2022-12-31",
              freq="W-SAT")
```

Out

```
DatetimeIndex(['2022-01-01', '2022-01-08', '2022-01-15',
               '2022-01-22', '2022-01-29', '2022-02-05',
               '2022-02-12', '2022-02-19', '2022-02-26',
               '2022-03-05', '2022-03-12', '2022-03-19',
               '2022-03-26', '2022-04-02', '2022-04-09',
               '2022-04-16', '2022-04-23', '2022-04-30',
               '2022-05-07', '2022-05-14', '2022-05-21',
               '2022-05-28', '2022-06-04', '2022-06-11',
               '2022-06-18', '2022-06-25', '2022-07-02',
               '2022-07-09', '2022-07-16', '2022-07-23',
               '2022-07-30', '2022-08-06', '2022-08-13',
               '2022-08-20', '2022-08-27', '2022-09-03',
               '2022-09-10', '2022-09-17', '2022-09-24',
               '2022-10-01', '2022-10-08', '2022-10-15',
               '2022-10-22', '2022-10-29', '2022-11-05',
               '2022-11-12', '2022-11-19', '2022-11-26',
               '2022-12-03', '2022-12-10', '2022-12-17',
               '2022-12-24', '2022-12-31'],
              dtype='datetime64[ns]', freq='W-SAT')
```

date_range 関数に、引数として start と end とともに、freq="W-SAT" を
渡すことで、startとendの間の土曜日の日付を出力することができました。

このように、決められた期間のインデックス用のデータを作ることができます。入手したデータが土曜日ごとにまとまっているような場合に、DataFrameのindexにdate_range関数で作った値を設定することができます。

次に、1年分のデータを土曜日までの1週間単位でまとめることを行います。

In

```
df_year = pd.DataFrame(df.groupby(pd.Grouper(
                  freq='W-SAT')).sum(), columns=['乱数値'])
df_year
```

Out

	乱数値
2022-01-01	1
2022-01-08	90
2022-01-15	109
2022-01-22	128
2022-01-29	94
(中略)	
2022-12-03	99
2022-12-10	117
2022-12-17	107
2022-12-24	132
2022-12-31	123

4.2.5 欠損値処理

この項では欠損値処理を扱います。欠損値とは、NaNと表示されている、データが入っていない項目をいいます。

欠損値が存在すると、誤った計算結果や予期せぬ計算結果になる場合があります。そのため、欠損値を処理しておく必要があります。

ここで、新たなデータとして、CSVファイルをDataFrameとして読み込みます。

In

```
import pandas as pd
df_202205 = pd.read_csv("data/202205health.csv",
                  encoding="utf-8",
```

```
                              index_col='日付',
                              parse_dates=True)
df_202205
```

Out

	歩数	摂取カロリー
日付		
2022-05-01	1439.0	4500.0
2022-05-02	8120.0	2420.0
2022-05-03	NaN	NaN
2022-05-04	2329.0	1500.0
2022-05-05	NaN	NaN
2022-05-06	3233.0	1800.0
2022-05-07	9593.0	2200.0
2022-05-08	9213.0	1800.0
2022-05-09	5593.0	2500.0

5月3日と5月5日にデータがなく欠損値であることがわかります。
次に、dropnaメソッドを使って、欠損値の行を削除します。

In

```
df_202205_drop = df_202205.dropna()
df_202205_drop
```

Out

	歩数	摂取カロリー
日付		
2022-05-01	1439.0	4500.0
2022-05-02	8120.0	2420.0
2022-05-04	2329.0	1500.0
2022-05-06	3233.0	1800.0
2022-05-07	9593.0	2200.0
2022-05-08	9213.0	1800.0
2022-05-09	5593.0	2500.0

fillnaメソッドに0を与えて欠損値に0を代入します。

In

```
df_202205_fillna = df_202205.fillna(0)
df_202205_fillna
```

Out

	歩数	摂取カロリー
日付		
2022-05-01	1439.0	4500.0
2022-05-02	8120.0	2420.0
2022-05-03	0.0	0.0
2022-05-04	2329.0	1500.0
2022-05-05	0.0	0.0
2022-05-06	3233.0	1800.0
2022-05-07	9593.0	2200.0
2022-05-08	9213.0	1800.0
2022-05-09	5593.0	2500.0

fillnaメソッドにmethod='ffill'を与えて欠損値を1つ手前の値で補完します。

In

```
df_202205_fill = df_202205.fillna(method='ffill')
df_202205_fill
```

Out

	歩数	摂取カロリー
日付		
2022-05-01	1439.0	4500.0
2022-05-02	8120.0	2420.0
2022-05-03	8120.0	2420.0
2022-05-04	2329.0	1500.0
2022-05-05	2329.0	1500.0
2022-05-06	3233.0	1800.0
2022-05-07	9593.0	2200.0
2022-05-08	9213.0	1800.0
2022-05-09	5593.0	2500.0

最後に、平均値、中央値、最頻値で欠損値を保管する方法を確認します。

fillna メソッドに df_202205.mean() を与えることで欠損値を他の値の平均値で補完できます。

In
```
df_202205_fillmean = df_202205.fillna(df_202205.mean())
df_202205_fillmean
```

Out

	歩数	摂取カロリー
日付		
2022-05-01	1439.000000	4500.000000
2022-05-02	8120.000000	2420.000000
2022-05-03	5645.714286	2388.571429
2022-05-04	2329.000000	1500.000000
2022-05-05	5645.714286	2388.571429
2022-05-06	3233.000000	1800.000000
2022-05-07	9593.000000	2200.000000
2022-05-08	9213.000000	1800.000000
2022-05-09	5593.000000	2500.000000

中央値で補完する場合は、df_202205.mean()の代わりに、df_202205.median()を与えます。最頻値で補完する場合は、df_202205.mode().iloc[0, :]を与えます。

4.2.6 データ連結

この項では、データの再呼び出し、DataFrame同士の連結を扱います。

保存したデータを読み込み

以前pickleで保存したデータを読み込みます。

In
```
import pandas as pd
df = pd.read_pickle("data/df_202204health.pickle")
df
```

Out

	歩数	摂取カロリー	歩数／カロリー	運動指数
date				
2022-04-01	5439	2500.0	2.175600	Low
2022-04-02	2510	2300.0	1.091304	Low
2022-04-03	10238	1950.0	5.250256	Mid
2022-04-04	8209	1850.0	4.437297	Mid
2022-04-05	9434	1930.0	4.888083	Mid
		(中略)		
2022-04-26	7492	1850.0	4.049730	Mid
2022-04-27	7203	1930.0	3.732124	Mid
2022-04-28	7302	1850.0	3.947027	Mid
2022-04-29	6033	2300.0	2.623043	Low
2022-04-30	4093	1950.0	2.098974	Low

問題なくDataFrameとして再利用可能な状態であることがわかりました。
もう1つのDataFrameも読み込んで内容を表示します。

In

```
df_moved = pd.read_pickle("data/df_202204moved.pickle")
df_moved
```

Out

	運動_High	運動_Low	運動_Mid
date			
2022-04-01	0	1	0
2022-04-02	0	1	0
2022-04-03	0	0	1
2022-04-04	0	0	1
2022-04-05	0	0	1
		(中略)	
2022-04-26	0	0	1
2022-04-27	0	0	1
2022-04-28	0	0	1
2022-04-29	0	1	0
2022-04-30	0	1	0

◉ 列方向のデータ連結

2つのDataFrameを列方向（カラム方向）に連結します。

concat関数を使い、引数に2つのDataFrameをリストにして渡します。axis=1を引数に加えることで、列方向の連結となります。

In

```
df_merged = pd.concat([df, df_moved], axis=1)
df_merged
```

Out

date	歩数	摂取カロリー	歩数/カロリー	運動指数	運動_High	運動_Low	運動_Mid
2022-04-01	5439	2500.0	2.175600	Low	0	1	0
2022-04-02	2510	2300.0	1.091304	Low	0	1	0
2022-04-03	10238	1950.0	5.250256	Mid	0	0	1
2022-04-04	8209	1850.0	4.437297	Mid	0	0	1
2022-04-05	9434	1930.0	4.888083	Mid	0	0	1
(中略)							
2022-04-26	7492	1850.0	4.049730	Mid	0	0	1
2022-04-27	7203	1930.0	3.732124	Mid	0	0	1
2022-04-28	7302	1850.0	3.947027	Mid	0	0	1
2022-04-29	6033	2300.0	2.623043	Low	0	1	0
2022-04-30	4093	1950.0	2.098974	Low	0	1	0

同じインデックス名（date）で連結されたことが確認できます。

◉ 行方向のデータ連結

2つのDataFrameを行方向（インデックス方向）に連結を行います。

concat関数を使い、引数に2つのDataFrameが入ったリストを渡します。axis=0を引数に加えることで、行方向の連結となります。

ここでは、P.167で作ったDataFrame「df_202205_fill」と結合しています。

In

```
df_merged_0405 = pd.concat([df_merged, df_202205_fill],
                           axis-0, sort-True)
df_merged_0405
```

Out

	摂取カロリー	歩数	歩数/ カロリー	運動 _High	運動_Low	運動_Mid	運動指数
2022-04-01	2500.0	5439.0	2.175600	0.0	1.0	0.0	Low
2022-04-02	2300.0	2510.0	1.091304	0.0	1.0	0.0	Low
2022-04-03	1950.0	10238.0	5.250256	0.0	0.0	1.0	Mid
2022-04-04	1850.0	8209.0	4.437297	0.0	0.0	1.0	Mid
2022-04-05	1930.0	9434.0	4.888083	0.0	0.0	1.0	Mid
			(中略)				
2022-05-05	1500.0	2329.0	NaN	NaN	NaN	NaN	NaN
2022-05-06	1800.0	3233.0	NaN	NaN	NaN	NaN	NaN
2022-05-07	2200.0	9593.0	NaN	NaN	NaN	NaN	NaN
2022-05-08	1800.0	9213.0	NaN	NaN	NaN	NaN	NaN
2022-05-09	2500.0	5593.0	NaN	NaN	NaN	NaN	NaN

　5月分のデータが行方向（インデックス方向）に追加されたのが確認できました。

4.2.7　統計データの扱い

保存したデータの読み込み

　以前、pickleで保存したデータを読み出して使用します。
　DataFrameにデータを格納後、データの内容を確認します。

In

```
import pandas as pd
df = pd.read_pickle("data/df_202204health.pickle")
df.head()
```

	歩数	摂取カロリー	歩数 / カロリー	運動指数
date				
2022-04-01	5439	2500.0	2.175600	Low
2022-04-02	2510	2300.0	1.091304	Low
2022-04-03	10238	1950.0	5.250256	Mid
2022-04-04	8209	1850.0	4.437297	Mid
2022-04-05	9434	1930.0	4.888083	Mid

○ 基本統計量

各基本統計量を出力していきます。

max メソッドを使って最大値を確認します。

In

```
df.loc[:, "摂取カロリー"].max()
```

Out

2500.0

min メソッドを使って最小値を確認します。

In

```
df.loc[:, "摂取カロリー"].min()
```

Out

1800.0

mode メソッドを使って最頻値を確認します。

In

```
df.loc[:, "摂取カロリー"].mode()
```

Out

```
0    2300.0
Name: 摂取カロリー, dtype: float32
```

meanメソッドを使って平均値を確認します。

In

```
df.loc[:, "摂取カロリー"].mean()
```

Out

2026.6666

medianメソッドを使って中央値を確認します。

In

```
df.loc[:, "摂取カロリー"].median()
```

Out

1945.0

stdメソッドを使って標準偏差を確認します。ここでは、不偏分散の正の平方
根である標本標準偏差を出力しています。

In

```
df.loc[:, "摂取カロリー"].std()
```

Out

205.54944

標本分散から計算される標準偏差を出力する場合は、stdメソッドにddof=0を
指定します。pandasのstdメソッドは、デフォルトでddof=1が設定されています。

In

```
df.loc[:, "摂取カロリー"].std(ddof=0)
```

Out

202.09459

countメソッドを使って件数を確認します。摂取カロリーが2300であるデー
タの件数を出力しています。

```
df.loc[df.loc[:, "摂取カロリー"] == 2300, :].count()
```

Out

```
歩数              8
摂取カロリー        8
歩数/カロリー       8
運動指数          8
dtype: int64
```

○ 要約

ここまでは個別に統計量を確認しました。

ここでは、DataFrameの統計量をまとめて出力する方法を見ていきます。

describeメソッドを使い出力します。

In

```
df.describe()
```

Out

	歩数	摂取カロリー	歩数/カロリー
count	30.000000	30.000000	30.000000
mean	7766.366667	2026.666626	3.929658
std	2689.269308	205.549438	1.563674
min	2510.000000	1800.000000	1.091304
25%	6661.500000	1870.000000	2.921522
50%	7561.000000	1945.000000	4.030762
75%	8408.500000	2300.000000	4.421622
max	15328.000000	2500.000000	8.515556

出力される統計量は 表4.1 の通りです。

表4.1 代表的な統計量

count	データの件数〔欠損値などは件数から除外される〕
mean	平均値
std	標本標準偏差

（続き）

min	最小値
25%	第1四分位数
50%	中央値
75%	第3四分位数
max	最大値

○ 相関係数

カラム間のデータの関係を数値で確認します。相関係数を出力します。

In

```
df.corr()
```

Out

	歩数	摂取カロリー	歩数/カロリー
歩数	1.000000	−0.498703	0.982828
摂取カロリー	−0.498703	1.000000	−0.636438
歩数/カロリー	0.982828	−0.636438	1.000000

○ 散布図行列

カラムごとのデータの関係をグラフで見ていきます。

散布図行列を出力する関数をインポートします。

In

```
from pandas.plotting import scatter_matrix
```

scatter_matrix関数に、引数としてDataFrameを渡すと散布図行列が出力されます（ 図4.1 ）。ここでは、計算結果の出力をせずにグラフだけを出力するために、変数「_」に代入しています。

In

```
_ = scatter_matrix(df)
```

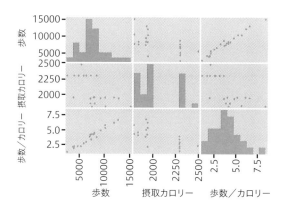

図4.1 散布図行列※2

各々のデータの散布図が出力されます。同じカラム同士のデータとなる斜めの
エリアには、ヒストグラムでデータの傾向が出力されます。

数値としてデータを判断するとともに、グラフにしてデータの状況を見ること
ができます。

○ データ変換

ここまでは、pandasのDataFrameを使ってデータの加工などを行ってきま
した。pandasのDataFrameのバックエンドはNumPyです。NumPyの配列
（ndarray）が持つ機能に加えてpandasが機能を拡張しています。

この後紹介する、Matplotlibやscikit-learnは、pandasのDataFrameをその
まま利用できます。しかし、他の機械学習フレームワークによっては、pandas
のDataFrameは受け取れず、NumPyの配列（ndarray）を必須にしている場合
があります。Pythonでデータ分析を行う上では、pandasの利用はもちろんのこ
と、NumPyでのデータのやり取りも必要になってきます。DataFrameと
ndarrayのデータ変換について説明します。

まずは、DataFrameを見てみましょう。

In

```
df.loc[:, ["歩数", "摂取カロリー"]]
```

※2　グラフのラベルが日本語で表示されない場合は、P.212を参照してください。

	歩数	摂取カロリー
date		
2022-04-01	5439	2500.0
2022-04-02	2510	2300.0
2022-04-03	10238	1950.0
2022-04-04	8209	1850.0
2022-04-05	9434	1930.0
	(中略)	
2022-04-26	7492	1850.0
2022-04-27	7203	1930.0
2022-04-28	7302	1850.0
2022-04-29	6033	2300.0
2022-04-30	4093	1950.0

上記のpandasのDataFrameをNumPyの配列（ndarray）に変換します。
その際には、values属性を使います。

In

```
df.loc[:, ["歩数", "摂取カロリー"]].values
```

Out

```
array([[  5439.,   2500.],
       [  2510.,   2300.],
       [ 10238.,   1950.],
       [  8209.,   1850.],
       [  9434.,   1930.],
(中略)
       [  7492.,   1850.],
       [  7203.,   1930.],
       [  7302.,   1850.],
       [  6033.,   2300.],
       [  4093.,   1950.]])
```

4.3 Matplotlib

ここではPythonで主に2次元のグラフを描画するためのライブラリ、
Matplotlibの使い方について説明します。

4.3.1 Matplotlibの概要

Matplotlibとは

MatplotlibはPythonで主に2次元のグラフを描画するためのライブラリで、
各種OSで使用できるため広く使われています。JupyterLabとも親和性が高く、
Notebook上でコードを実行すると同じNotebook上にグラフが描画されるた
め、データの可視化に便利です。

Matplotlibでグラフを描画するコードには2つのインタフェースがあります。
MATLABをベースとしたpyplotインタフェースとオブジェクト指向インタ
フェースです。本書ではオブジェクト指向インタフェースを使用して解説しま
す。以下に簡単にその違いを説明します。

Matplotlibを利用するには、以下のようにインポートを行います。asキーワー
ドを使用してpltで呼び出せるようにします。

In

```
import matplotlib.pyplot as plt
```

また、本節ではグラフのスタイルとしてggplotを使用します。グラフのスタイ
ルについては後述します。

In

```
import matplotlib.style

# ggplotスタイルを指定
matplotlib.style.use('ggplot')
```

pyplotインタフェース

pyplotインタフェースとは、数値解析ソフトウェアであるMATLABと似た形

式でグラフ描画を行う方法です。このスタイルでは以下のようにmatplotlib.
pyplotモジュールに対して、グラフを描画するための各種関数を実行します。

In

```
# データを用意
x = [1, 2, 3]
y = [2, 4, 9]

plt.plot(x, y)  # 折れ線グラフを描画
plt.title('pyplot interface')  # グラフにタイトルを設定

plt.show()  # グラフを表示
```

コードの実行結果は 図4.2 のような折れ線グラフとなります。

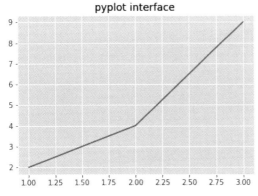

図4.2 pyplotインタフェース

◎ オブジェクト指向インタフェース

　オブジェクト指向インタフェースはpyplotインタフェースとは異なり、描画
オブジェクトに対してサブプロットを追加して、サブプロットに対してグラフを
描画します。次のコードは1つ前のpyplotインタフェースの例と同じグラフを描
画する例です。この例だけを見ると冗長に見えますが、オブジェクト指向インタ
フェースでは1つのfigureオブジェクトに対して複数のサブプロットを指定でき
ます。そうすることにより、複数のグラフをまとめて表示できるという利点があ
ります。

```
# データを用意
x = [1, 2, 3]
y = [2, 4, 9]

# 描画オブジェクト(fig)とサブプロット(ax)を生成
fig, ax = plt.subplots()

ax.plot(x, y)   # 折れ線グラフを描画
ax.set_title('object-oriented interface')   # タイトルを設定

plt.show()   # グラフを表示
```

実行結果は、pyplotインタフェースと同様になります（ 図4.3 ）。

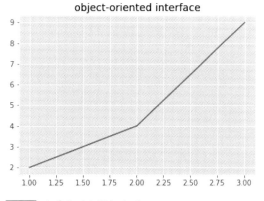

図4.3 オブジェクト指向インタフェース

🔵 4.3.2 描画オブジェクト

　ここではオブジェクト指向インタフェースでグラフを描画するための描画オブジェクトの基本的な使い方と、共通の各種設定について説明します。

◉ 描画オブジェクトとサブプロット

　Matplotlibでグラフを描画するには、描画オブジェクト（figure）を生成し、その中に1つ以上のサブプロット（subplot）を配置します。先ほどのfig, ax = plt.subplots()というコードでは、1つの描画オブジェクトを生成し、その中に1

つのサブプロットを配置して、それぞれをfig、axという変数に格納しています。
　subplots関数の引数に数値を指定することにより、1つの描画オブジェクトに
複数のサブプロットを配置できます。subplots(2)と指定すると2つのサブプ
ロットが配置されます（ 図4.4 ）。

In

```
import matplotlib.pyplot as plt
fig, axes = plt.subplots(2)   # 2つのサブプロットを配置
plt.show()
```

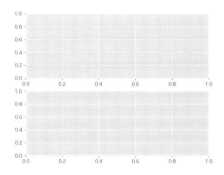

図4.4 2つのサブプロット

　また、subplots(2, 2)と指定すると2行2列で合計4つのサブプロットが配置
されます（ 図4.5 ）。

In

```
fig, axes = plt.subplots(2, 2)   # 2行2列のサブプロットを配置
plt.show()
```

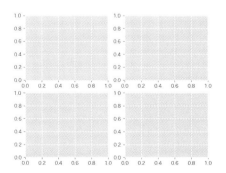

図4.5 2行2列のサブプロット

それぞれの引数はキーワード引数nrows、ncolsでも指定可能なので、1行2列でサブプロットを配置するには以下のように書くことができます（ 図4.6 ）。この引数のデフォルト値には1が指定されているため、subplots()のように引数を指定しない場合は1行1列のサブプロットが配置されます。

In

```
fig, axes = plt.subplots(ncols=2)   # 1行2列のサブプロットを配置
plt.show()
```

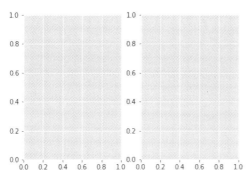

図4.6　1行2列のサブプロット

● タイトル

　描画オブジェクトとサブプロットにはタイトルを指定できます（ 図4.7 ）。

In

```
fig, axes = plt.subplots(ncols=2)

# サブプロットにタイトルを設定
axes[0].set_title('subplot title 0')
axes[1].set_title('subplot title 1')
# 描画オブジェクトにタイトルを設定
fig.suptitle('figure title')

plt.show()
```

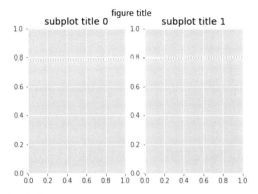

図4.7 タイトルを指定

○ 軸ラベル

グラフの軸にラベルを指定できます（**図4.8**）。

In

```
fig, ax = plt.subplots()

ax.set_xlabel('x label')   # X軸にラベルを設定
ax.set_ylabel('y label')   # Y軸にラベルを設定

plt.show()
```

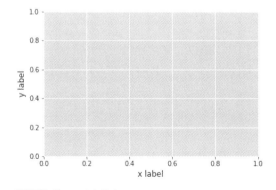

図4.8 軸ラベルを指定

○ 凡例

サブプロットに凡例を表示できます。凡例を表示するには次のように、データ

描画時にlabel引数に凡例用のラベルを指定し、legendメソッドで凡例を表示します。loc='best'と指定すると、データとの重なりが最小な位置に凡例を出力します（ 図4.9 ）。

In

```
fig, ax = plt.subplots()

# 凡例用のラベルを設定
ax.plot([1, 2, 3], [2, 4, 9], label='legend label')
ax.legend(loc='best')    # 凡例を表示

plt.show()
```

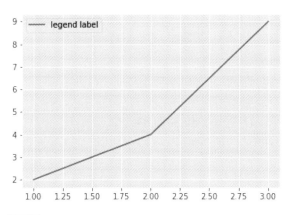

図4.9 凡例を表示

　この例では凡例が左上に出ています。任意の位置に凡例を出力するにはloc引数に位置を指定します。次の例では凡例の位置を右下に指定しています（ 図4.10 ）。

In

```
fig, ax = plt.subplots()

ax.plot([1, 2, 3], [2, 4, 9], label='legend label')
ax.legend(loc='lower right')    # 凡例を右下に表示

plt.show()
```

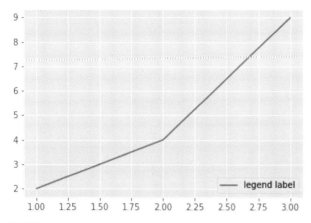

図4.10 凡例を右下に表示

　凡例の位置には他に'upper left'、'center'、'center left'、'lower center'、'best'など10種類が指定できます。凡例をサブプロットの外側に表示したい場合は、bbox_to_anchor引数で座標を指定できます。

ファイル出力

　作成したグラフをsavefigメソッドでファイルに出力できます。ファイル形式としてはpng、svg、eps、pdf、tiff、jpgなどが選択可能で、ファイル名の拡張子から自動判別してファイル形式を決定します（format引数でも指定可能です）。

In

```
fig, ax = plt.subplots()
ax.set_title('subplot title')
fig.savefig('sample-figure.png')   # png形式で保存
fig.savefig('sample-figure.svg')   # svg形式で保存
```

4.3.3　グラフの種類と出力方法

折れ線グラフ

　すでに何度か登場していますが、折れ線グラフはplotメソッドで描画します。plotメソッドの引数には折れ線グラフのx座標、y座標を表す配列またはスカラーを渡します。次は1つのサブプロット上に2つの折れ線グラフを描画している例です（**図4.11**）。

```
fig, ax = plt.subplots()

x = [1, 2, 3]
y1 = [1, 2, 3]
y2 = [3, 1, 2]
ax.plot(x, y1)    # 折れ線グラフを描画
ax.plot(x, y2)

plt.show()
```

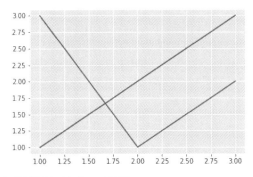

図4.11 折れ線グラフを描画

　折れ線グラフと書いていますが、値の間隔を細かくすることにより、擬似的に曲線のグラフも作成できます。以下はsin、cosのグラフを描画したものです（図4.12）。

```
import numpy as np

x = np.arange(0.0, 15.0, 0.1)
y1 = np.sin(x)
y2 = np.cos(x)

fig, ax = plt.subplots()
ax.plot(x, y1, label='sin')
ax.plot(x, y2, label='cos')
ax.legend()

plt.show()
```

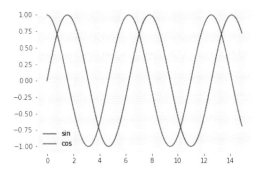

図4.12 折れ線グラフでsin、cosカーブを描画

● 棒グラフ

棒グラフの描画には bar メソッドを使用します。以下はシンプルな棒グラフの
描画例です（図4.13）。

In

```
fig, ax = plt.subplots()

x = [1, 2, 3]
y = [10, 2, 3]
ax.bar(x, y)   # 棒グラフを描画

plt.show()
```

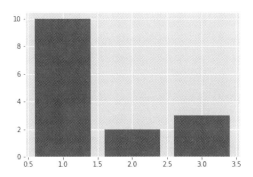

図4.13 棒グラフを描画

barメソッドのtick_label引数を使用すると、目盛りに任意のラベルが指定できます（図4.14）。

In

```
fig, ax = plt.subplots()

x = [1, 2, 3]
y = [10, 2, 3]
labels = ['spam', 'ham', 'egg']
ax.bar(x, y, tick_label=labels)   # ラベルを指定

plt.show()
```

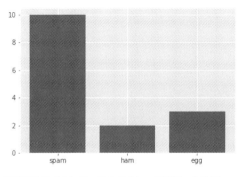

図4.14 目盛りにラベルを指定して棒グラフを描画

横向きの棒グラフを描画するにはbarhメソッドを使用します。基本的な使い方はbarメソッドと同様です。1つ前のコードのbarの部分をbarhに書き換えると図4.15のグラフが描画されます。

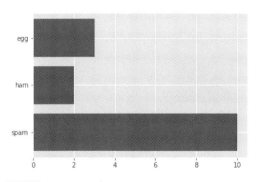

図4.15 横向きの棒グラフを描画

　複数の棒グラフを並べて表示する場合は、棒グラフの幅を指定して自分でずらして描画する必要があります。以下のコードでは2つ目の棒グラフのx座標を指定した幅分（0.4）ずらすことにより、2つの棒グラフが並んで描画されます（図4.16）。

In

```
fig, ax = plt.subplots()

x = [1, 2, 3]
y1 = [10, 2, 3]
y2 = [5, 3, 6]
labels = ['spam', 'ham', 'egg']

width = 0.4   # 棒グラフの幅を0.4にする
ax.bar(x, y1, width=width, tick_label=labels,
        label='y1')   # 幅を指定して描画

# 幅分ずらして棒グラフを描画
x2 = [num + width for num in x]
ax.bar(x2, y2, width=width, label='y2')

ax.legend()

plt.show()
```

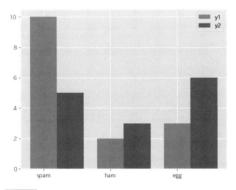

図4.16 複数の棒グラフを並べて描画

積み上げ棒グラフの描画は、上に積み上がる棒グラフの基準となるy座標に、bottom引数で下の棒グラフの値を指定します。以下のコードではy2の棒グラフのbottom引数にy1を指定し、y3の棒グラフのbottom引数にはy1とy2を足した値を指定することによって、3つの積み上げ棒グラフを実現しています（図4.17）。

In

```python
fig, ax = plt.subplots()

x = [1, 2, 3]
y1 = [10, 2, 3]
y2 = [5, 3, 6]
y3 = [3, 2, 8]
labels = ['spam', 'ham', 'egg']

# y1とy2を足した値を格納
y1_y2 = [num1 + num2 for num1, num2 in zip(y1, y2)]

ax.bar(x, y1, tick_label=labels, label='y1')
# y2の棒グラフのベースのy座標にy1を指定
ax.bar(x, y2, bottom=y1, label='y2')
# y3の棒グラフのベースのy座標にy1+y2を指定
ax.bar(x, y3, bottom=y1_y2, label='y3')
ax.legend()

plt.show()
```

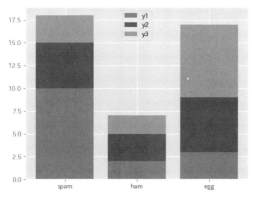

図4.17 積み上げ棒グラフを描画

● 散布図

散布図を作成するにはscatterメソッドを使用します。以下はランダムに生成した50個の要素を散布図で描画したものです（ 図4.18 ）。ここでは書籍と同じ乱数を生成して、同じ結果の散布図を描画するために、乱数のseedを指定しています。

In

```
fig, ax = plt.subplots()

# ランダムに50個の要素を生成
rng = np.random.default_rng(123)
x = rng.random(50)
y = rng.random(50)

ax.scatter(x, y)   # 散布図を描画

plt.show()
```

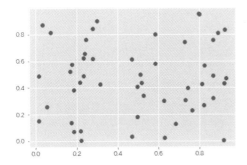

図4.18 散布図を描画

デフォルトではそれぞれのマーカーは丸で描画されますが、marker引数にマーカーの形を指定することにより、さまざまな形のマーカーを使用できます。以下のコードは先ほどと同じデータを使用して、10個ずつ異なる形のマーカーを使用して散布図を描画しています（ 図4.19 ）。

In

```
fig, ax = plt.subplots()

# ランダムに50個の要素を生成
rng = np.random.default_rng(123)
```

```
x = rng.random(50)
y = rng.random(50)

ax.scatter(x[0:10], y[0:10], marker='v',
           label='triangle down')  # 下向き三角
ax.scatter(x[10:20], y[10:20], marker='^',
           label='triangle up')  # 上向き三角
ax.scatter(x[20:30], y[20:30], marker='s',
           label='square')  # 正方形
ax.scatter(x[30:40], y[30:40], marker='*',
           label='star')  # 星型
ax.scatter(x[40:50], y[40:50], marker='x',
           label='x')  # X
ax.legend()

plt.show()
```

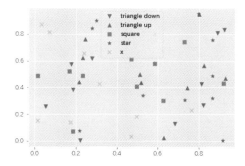

図4.19 マーカーを変更して散布図を描画

● ヒストグラム

ヒストグラムを描画するにはhistメソッドを使用します。以下のコードは正規分布に従うランダムな値をヒストグラムで描画したものです（**図4.20**）。

In

```
# データを生成
rng = np.random.default_rng(123)
mu = 100   # 平均値
sigma = 15   # 標準偏差
x = rng.normal(mu, sigma, 1000)
```

ライブラリによる分析の実践

4

```
fig, ax = plt.subplots()

# ヒストグラムを描画
n, bins, patches = ax.hist(x)

plt.show()
```

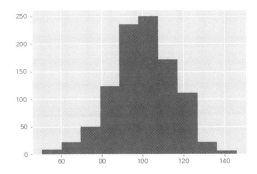

図4.20 ヒストグラムを描画

　histメソッドは返り値として第3章で説明した度数分布表に使用できるデータを返します。nには各ビン（棒）の度数（要素数）が格納されており、binsにはビンの境界の値、patchesにはビンを描画するための情報が入っています。nとbinsを使用すると以下のコードで度数分布表が出力できます。

In

```
for i, num in enumerate(n):
    print(f"{bins[i]:.2f} - {bins[i + 1]:.2f}: {num}")
```

Out

```
50.53 - 60.06: 8.0
60.06 - 69.60: 22.0
69.60 - 79.13: 50.0
79.13 - 88.66: 123.0
88.66 - 98.20: 236.0
98.20 - 107.73: 250.0
107.73 - 117.27: 172.0
117.27 - 126.80: 111.0
126.80 - 136.34: 22.0
136.34 - 145.87: 6.0
```

histメソッドのbins引数に任意の数値を指定すると、ビン（棒）の数を変更できます。デフォルトのビン数は10ですが、以下のコードにより同一のデータに対してより細かいヒストグラムを描画できます（図4.21）。

In

```
fig, ax = plt.subplots()

ax.hist(x, bins=25)    # ビンの数を指定して描画

plt.show()
```

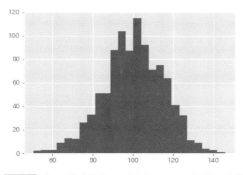

図4.21 ビンの数を指定してより細かいヒストグラムを描画

histメソッドの引数にorientation='horizontal'と指定すると、横向きのヒストグラムを描画できます（図4.22）。

In

```
fig, ax = plt.subplots()

# 横向きのヒストグラムを描画
ax.hist(x, orientation='horizontal')

plt.show()
```

4

ライブラリによる分析の実践

194

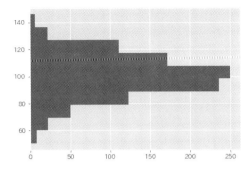

図4.22 横向きのヒストグラムを描画

　棒グラフとは異なり、ヒストグラムでは複数の値を指定すると自動的に横に並べて表示してくれます。以下の例では正規分布に従う異なる乱数で3つのデータ（x0、x1、x2）を作成し、ヒストグラムで並べて表示しています（図4.23）。

In

```
# データを生成
rng = np.random.default_rng(123)
mu = 100   # 平均値
x0 = rng.normal(mu, 20, 1000)

# 異なる標準偏差でデータを生成
x1 = rng.normal(mu, 15, 1000)
x2 = rng.normal(mu, 10, 1000)

fig, ax = plt.subplots()

labels = ['x0', 'x1', 'x2']
# 3つのデータのヒストグラムを描画
ax.hist((x0, x1, x2), label=labels)
ax.legend()

plt.show()
```

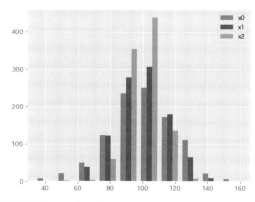

図4.23 ヒストグラムを並べて描画

また、histメソッドの引数にstacked=Trueと指定すると、積み上げたヒストグラムが描画されます（図4.24）。

In

```
fig, ax = plt.subplots()

labels = ['x0', 'x1', 'x2']
# 積み上げたヒストグラムを描画
ax.hist((x0, x1, x2), label=labels, stacked=True)
ax.legend()

plt.show()
```

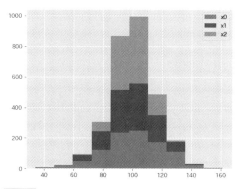

図4.24 積み上げたヒストグラムを描画

● 箱ひげ図

箱ひげ図を描画するにはboxplotメソッドを使用します。以下のコードでは3種類のデータ（x0、x1、x2）の箱ひげ図を描画します（図4.25）。

In

```
# 異なる標準偏差でデータを生成
rng = np.random.default_rng(123)
x0 = rng.normal(0, 10, 500)
x1 = rng.normal(0, 15, 500)
x2 = rng.normal(0, 20, 500)

fig, ax = plt.subplots()
labels = ['x0', 'x1', 'x2']
ax.boxplot((x0, x1, x2), labels=labels)  # 箱ひげ図を描画

plt.show()
```

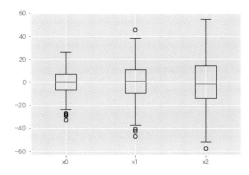

図4.25 箱ひげ図を描画

boxplotメソッドの引数にvert=Falseと指定すると、横向きの箱ひげ図を描画します（図4.26）。

In

```
fig, ax = plt.subplots()
labels = ['x0', 'x1', 'x2']
# 横向きの箱ひげ図を描画
ax.boxplot((x0, x1, x2), labels=labels, vert=False)

plt.show()
```

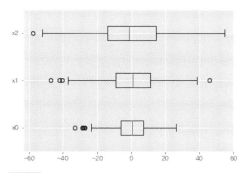

図4.26 横向きの箱ひげ図を描画

● 円グラフ

円グラフはpieメソッドで描画します（図4.27）。

In

```
labels = ['spam', 'ham', 'egg']
x = [10, 3, 1]

fig, ax = plt.subplots()

ax.pie(x, labels=labels)  # 円グラフを描画

plt.show()
```

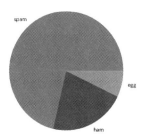

図4.27 円グラフを描画

円グラフはデフォルトでは右（時計の3時の位置）から反時計回りの順番に各要素が配置されます。上（時計の12時の位置）から描画を始めるにはstartangle=90（90度の位置）と指定し、時計回りに配置するにはcounterclock=Falseと指定します（図4.28）。

In

```
fig, ax = plt.subplots()

ax.pie(x, labels=labels, startangle=90,
       counterclock=False)   # 上から時計回り

plt.show()
```

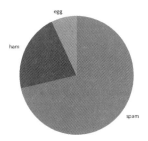

図4.28 上から時計回りに円グラフを描画

　円グラフに影を付けるには、shadow=Trueと指定します。また、autopct='%1.2f%%'のように指定すると、値のパーセント表記が追加されます。autopctでは何桁まで表示するかを指定できます（図4.29）。

In

```
fig, ax = plt.subplots()

ax.pie(x, labels=labels, startangle=90,
       counterclock=False,
       shadow=True, autopct='%1.2f%%')   # 影と%表記を追加

plt.show()
```

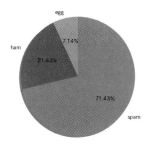

図4.29 影とパーセント表記を追加した円グラフを描画

円グラフでは一部の値を目立たせるためにexplode引数に値を指定して要素を切り出して表示させることができます。以下のコードでは1番目の要素が切り出されて表示されます（**図4.30**）。

In

```
explode = [0, 0.2, 0]   # 1番目の要素（ham）を切り出す

fig, ax = plt.subplots()

ax.pie(x, labels=labels, startangle=90,
       counterclock=False,
       shadow=True, autopct='%1.2f%%',
       explode=explode)   # explodeを指定する

plt.show()
```

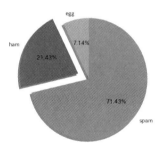

図4.30 hamを切り出した円グラフを描画

● 複数のグラフを組み合わせる

　複数のグラフを組み合わせて描画することも可能です。以下のコードは棒グラフと折れ線グラフを1つのサブプロット上に描画したものです（**図4.31**）。

In

```
fig, ax = plt.subplots()

x1 = [1, 2, 3]
y1 = [5, 2, 3]
x2 = [1, 2, 3, 4]
y2 = [8, 5, 4, 6]
ax.bar(x1, y1, label='y1')   # 棒グラフを描画
```

```
ax.plot(x2, y2, label='y2')    # 折れ線グラフを描画
ax.legend()

plt.show()
```

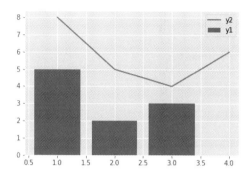

図4.31 棒グラフと折れ線グラフを組み合わせて描画

　同様に、ヒストグラムに折れ線グラフを追加して、近似曲線を描画できます
(図4.32)。

In

```
rng = np.random.default_rng(123)
x = rng.normal(size=1000)    # 正規乱数を生成

fig, ax = plt.subplots()

# ヒストグラムを描画
counts, edges, patches = ax.hist(x, bins=25)

# 近似曲線に用いる点を求める ( ヒストグラムのビンの中点 )
x_fit = (edges[:-1] + edges[1:]) / 2
# 近似曲線をプロット
y = 1000 * np.diff(edges) * np.exp(-x_fit**2 / 2) / ➡
np.sqrt(2 * np.pi)
ax.plot(x_fit, y)

plt.show()
```

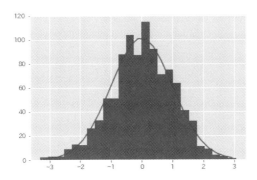

ヒストグラムと近似曲線を組み合わせて描画

4.3.4 スタイル

ここではグラフに個別のスタイルを指定するための方法について説明します。

色の指定

グラフに表示する線、背景、枠線などさまざまな要素に色が指定できます。以下のコードはplotメソッドのcolor引数を使用して、線の色を指定しています（図4.33）。

In

```
fig, ax = plt.subplots()

# 線の色を名前で指定
ax.plot([1, 3], [3, 1], label='aqua', color='aqua')
# 16進数のRGBで指定
ax.plot([1, 3], [1, 3], label='#0000FF', color='#0000FF')
# RGBAをfloatで指定
ax.plot([1, 3], [2, 2], label='(0.1, 0.2, 0.5, 0.3)',
        color=(0.1, 0.2, 0.5, 0.3))
ax.legend()   # 凡例を表示

plt.show()
```

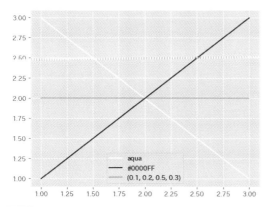

図4.33 折れ線グラフの色を指定

　このように、色の指定にはいくつかの方法があります。1番目の例は文字列での色指定です。HTMLやX11、CSS4で定義された色名が指定できます。2番目の例は16進数でのRGB指定です。後ろに2文字追加してアルファ値（透明度）も指定できます。3番目の例はRGBA指定ですが16進数ではなく0～1の範囲の浮動小数点数で指定したものです。タプル内の数値が3つの場合はRGBとなります。

　棒グラフや散布図には、color引数とedgecolor引数が指定できます。color引数には塗りつぶしの色を、edgecolor引数には枠線の色を指定します。以下のコードでは塗りつぶしの色指定のみの棒グラフと、枠線の色も指定した棒グラフを描画しています（**図4.34**）。

In

```python
fig, ax = plt.subplots()

ax.bar([1], [3], color='aqua')  # 塗りつぶしの色を指定
# 塗りつぶしの色と枠線の色を指定
ax.bar([2], [4], color='aqua', edgecolor='black')

plt.show()
```

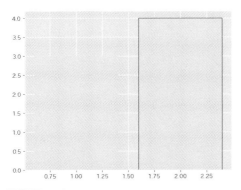

図4.34 棒グラフの色と枠線を指定

● 線のスタイル

　折れ線グラフやグラフの枠線、区切り線など、さまざまな線に対してスタイルを適用できます。linewidth引数を指定すると線の幅を変更できます（図4.35）。単位はポイントです。

In

```
fig, ax = plt.subplots()

# 5.5ポイントの幅の線で描画
ax.plot([1, 3], [3, 1], linewidth=5.5, label='5.5')
# 10ポイントの幅の線で描画
ax.plot([1, 3], [1, 3], linewidth=10, label='10')
ax.legend()

plt.show()
```

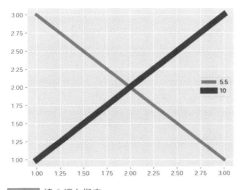

図4.35 線の幅を指定

また、linestyle引数で線の種類を指定できます。以下の例では線の種類として破線（--）、一点鎖線（-.）、点線（:）でそれぞれ描画しています（図4.36）。

In

```
fig, ax = plt.subplots()

# 破線で描画
ax.plot([1, 3], [3, 1], linestyle='--', label='dashed')
# 一点鎖線で描画
ax.plot([1, 3], [1, 3], linestyle='-.', label='dashdot')
# 点線で描画
ax.plot([1, 3], [2, 2], linestyle=':', label='dotted')
ax.legend()

plt.show()
```

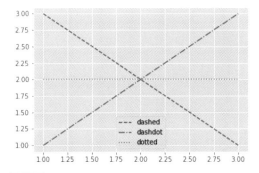

図4.36 線の種類を指定

● フォント

タイトル、凡例、軸ラベルなどのテキストに対してもスタイルが設定できます。size引数を使用してフォントサイズ（単位：ポイント）を、weight引数を使用してフォントの太さ（light、boldなど）を指定できます。また、family引数を使用してフォントの種類が指定でき、serif、sans-serif、cursive、fantasy、monospaceがデフォルトで使用できます。

次は、これらの引数を使用してフォントにスタイルを指定したコード例です（図4.37）。

```
fig, ax = plt.subplots()

ax.set_xlabel('xlabel', family='fantasy', size=20,
              weight='bold')
ax.set_ylabel('ylabel', family='serif', size=40,
              weight='light')
ax.set_title('graph title', family='monospace',
             size=25, weight='heavy')

plt.show()
```

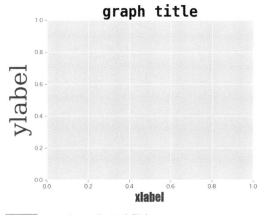

図4.37 フォントのスタイルを指定

　同じフォントの指定をさまざまな箇所で行う場合には、それぞれ引数で指定するのは面倒です。代わりにフォントの設定を辞書データとして作成し、fontdict引数に指定できます。以下のコードではx軸、y軸、タイトルに対して同一のフォントスタイルを指定しています（図4.38）。

```
# フォントのスタイルを辞書で定義
fontdict = {
    'family': 'fantasy',
    'size': 20,
    'weight': 'normal',
}
```

```
fig, ax = plt.subplots()

# 辞書形式でフォントのスタイルを指定
ax.set_xlabel('xlabel', fontdict=fontdict)
ax.set_ylabel('ylabel', fontdict=fontdict)
# 個別指定したsizeで上書き可能
ax.set_title('graph title', fontdict=fontdict, size=40)

plt.show()
```

上の例ではset_titleメソッドで直接size引数を指定しているため、サブプロットのタイトルが辞書で定義した20ポイントではなく、40ポイントで描画されます。

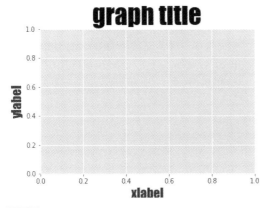

図4.38 フォントのスタイルを辞書形式で指定

◉ テキスト描画

textメソッドを使用するとグラフに任意のテキストを描画できます（図4.39）。第1、第2引数には描画するテキストの左下のx、y座標を指定します。また、フォントのスタイルと同様の引数が指定できます。

In

```
fig, ax = plt.subplots()

ax.text(0.2, 0.4, 'Text', size=20)   # Textというテキストを描画

plt.show()
```

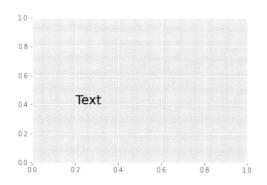

図4.39 テキストを描画

● グラフのスタイル

　matplotlib.style を使用するとグラフの表示スタイル全体を（線の色、太さ、背景色など）を設定できます。有効なスタイル名の一覧はmatplotlib.style.availableで取得でき、Matplotlibのバージョン3.5.2では28種類のスタイルが用意されています。なお、P.178でも述べた通り、本書ではggplotスタイルを使用しています。

In

```
import matplotlib.style

# スタイルの一覧を表示
print(matplotlib.style.available)
```

Out

```
['Solarize_Light2', '_classic_test_patch',
 '_mpl-gallery', '_mpl-gallery-nogrid',
   （中略）
 'seaborn-ticks', 'seaborn-white',
 'seaborn-whitegrid', 'tableau-colorblind10']
```

　出力結果には、使用できるスタイルの一覧が表示されます。
　スタイルを適用するにはmatplotlib.sytle.use()にスタイル名の文字列を指定します。次の例では、matplotlib.sytle.use()を使ってスタイルにclassicを指定しています（**図4.40**）。グラフの見た目がシンプルになりました。

In

```
# グラフのスタイルにclassicを指定
matplotlib.style.use('classic')

fig, ax = plt.subplots()
ax.plot([1, 2])

plt.show()
```

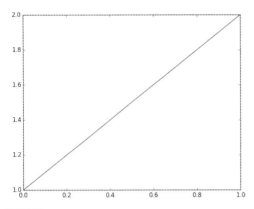

図4.40 classic スタイル

4.3.5 pandasのオブジェクトからグラフ描画

　pandasのDataFrame、Seriesからグラフを描画できます。このグラフ描画も内部的にはMatplotlibを使用しています。

　細かい表現の調整や複数のグラフを組み合わせるといったことはできませんが、DataFrameやSeries上のデータを簡単に可視化できるので、必要に応じて使い分けてください。

　DataFrameに対してplotメソッドを呼び出すと折れ線グラフが描画できます（図4.41）。

In

```
import pandas as pd
import matplotlib.style
import matplotlib.pyplot as plt

matplotlib.style.use('ggplot')   # スタイルを指定
```

```
# DataFrameを作成
df = pd.DataFrame({'A': [1, 2, 3], 'B': [3, 1, 2]})
df.plot()   # 折れ線グラフを描画
plt.show()
```

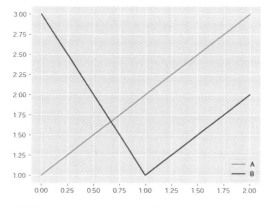

図4.41 DataFrameから折れ線グラフを描画

棒グラフはplot.barで描画します。複数のデータが存在する場合は自動的に横に並べてくれます（**図4.42**）。

In

```
import numpy as np

# ランダムに3行2列のデータを生成
rng = np.random.default_rng(123)
df2 = pd.DataFrame(rng.random((3, 2)),
                   columns=['y1', 'y2'])

df2.plot.bar()   # 棒グラフを描画
plt.show()
```

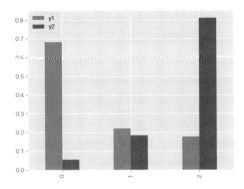

図4.42 DataFrameから棒グラフを描画

引数にstacked=Trueを指定することで積み上げ棒グラフを描画できます（図4.43）。

In

```
df2.plot.bar(stacked=True)    # 積み上げ棒グラフを描画
plt.show()
```

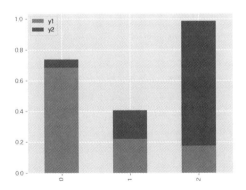

図4.43 DataFrameから積み上げ棒グラフを描画

他にもplot.barhで横向きの棒グラフ、plot.scatterで散布図、plot.histでヒストグラム、plot.boxで箱ひげ図、plot.pieで円グラフが描画できます。

詳細は以下のページを参考にしてください。

● Chart Visualization - pandas documentation

URL https://pandas.pydata.org/pandas-docs/stable/user_guide/visualization.html

MEMO

日本語でラベルを表示（フォントの設定など）

Matplotlibで描画するグラフに日本語を表示するには（**図4.44**）、日本語フォントの設定が必要です。日本語フォントを設定するにはいくつか方法がありますが、ここではmatplotlibrcファイルにフォント設定を記述する方法を紹介します。

まずは日本語フォントを用意します。OSにあらかじめインストールされているフォントを使用してもよいのですが、ここでは説明を統一するためにIPAexゴシックというフォントをインストールして使用します。以下のURLにアクセスし、IPAexゴシックフォントのZipファイルをダウンロードします。Zipファイルを展開するとipaexg.ttfというフォントファイルがあるので、ダブルクリックするなどしてOSにインストールします。

- **IPAexフォントおよびIPAフォントについて**

  URL https://moji.or.jp/ipafont/

次にこのフォントを使用することを、Matplotlibの設定ファイルに記述します。設定ファイルはmatplotlibrcという名前で、各OSの以下のフォルダに作成します。
- Linux: ~/.config/matplotlib/
- macOS: ~/.matplotlib/
- Windows: C:¥Users¥（ユーザ名）¥.matplotlib¥

フォントにIPAexゴシックを使用するために、matplotlibrcに以下のように記述します。

```
font.sans-serif: IPAexGothic
```

設定を有効にするためにJupyterLabを一度終了します。また、フォントの一覧ファイルを再作成するために、matplotlibrcを配置したフォルダにある fontlist-vNNN.jsonというファイル（Nは数値）を削除します。JupyterLabを再度起動し、各種ラベルなどに日本語が指定できることを確認します。新規でノートブックを作成し、以下のプログラムを実行してください。

```
fig, ax = plt.subplots()

ax.set_title('日本語のタイトルを設定')
ax.text(2, 6, '文字列を描画', size=20)

x = [1, 2, 3]
y = [10, 2, 3]
labels = ['スパム', 'ハム', '玉子']
ax.bar(x, y, tick_label=labels, label='食べ物')
ax.legend()

plt.show()
```

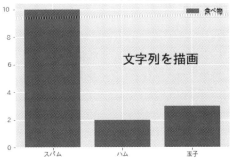

図4.44 日本語フォントを使用したグラフ

4.4 scikit-learn

scikit-learnは機械学習を含むデータマイニング（統計学や機械学習等を用いてデータから知識を抽出する技術分野）やデータ解析のライブラリです。Pythonで深層学習以外の機械学習を実行するツールキットとして、scikit-learnはデファクトスタンダードとなっています。

● 4.4.1 前処理

機械学習のアルゴリズムを適用する前に、データの特性を理解して前処理を行うことが重要です。前処理はデータ解析の8割から9割を占めるともいわれている大変重要な工程です。この項では以下の内容を取り上げます。

- 欠損値への対応
- カテゴリ変数のエンコーディング
- 特徴量の正規化

ここから主にscikit-learnを用いた前処理について説明します。pandasを用いた前処理については本章4.2節「pandas」でも説明しました。pandasと比べてscikit-learnは、クラスをインスタンス化してfitメソッドとtransformメソッド（またはfit_transformメソッドで両者を同時に実行）を用いて前処理を行えます。そのため、scikit-learn全体で統一的なインタフェースでわかりやすいというメリットがあります。

◎ 欠損値への対応

欠損値は、データの収集において測定系や通信系の不備などにより生じる値の欠損を指します。欠損値はデータ解析において頻繁に遭遇します。欠損値をそのままにするとその後の解析が難しくなるため、適切に対処する必要があります。欠損値への対処方法は大きく分けて以下の2つがあります。

1. 欠損値を除去する
2. 欠損値を補完する

以下それぞれについて説明します。また、それぞれの説明において次のサンプルDataFrameを使用します。

In

```
import numpy as np
import pandas as pd
# サンプルのデータセットを作成
df = pd.DataFrame(
    {
        'A': [1, np.nan, 3, 4, 5],
        'B': [6, 7, 8, np.nan, 10],
        'C': [11, 12, 13, 14, 15]
    }
)
df
```

Out

	A	B	C
0	1.0	6.0	11
1	NaN	7.0	12
2	3.0	8.0	13
3	4.0	NaN	14
4	5.0	10.0	15

　ここでは5行3列のDataFrameを作成しました。列Aは2行目に、列Bは4行目に欠損値（NaN）が生じています。欠損値は、NumPyライブラリのnanで表しています。

欠損値の除去

　欠損値の除去は、欠損値が生じる行や列を削除する処理です。まずはDataFrameの各要素が欠損値かどうかを確かめます。この処理はDataFrameのisnullメソッドを用いて行います。

In

```
# 各要素が欠損値かどうかを確かめる
df.isnull()
```

	A	B	C
0	False	False	False
1	True	False	False
2	False	False	False
3	False	True	False
4	False	False	False

　列Aは2行目が、列Bは4行目がそれぞれTrueとなっており、その他の要素は
Falseとなっていることを確認できます。

　欠損値の存在する行または列を除去するには、DataFrameのdropnaメソッ
ドを使用します。詳細については本章4.2節内の「4.2.5欠損値処理」を参照して
ください（P.165）。

欠損値の補完

　欠損値の補完とは、欠損値にある値を代入する処理です。欠損値に代入する値
は、特徴量の平均値、中央値、最頻値などがあります。「欠損値の除去」の説明で使
用したDataFrameにおいて、平均値により補完を行う場合、次のようになります。

●列Aの平均値は次の式で計算されます。

$$\frac{1+3+4+5}{4} = 3.25 \tag{4.1}$$

この値を2行目の欠損値に代入します。

●列Bの平均値は次の式で計算されます。

$$\frac{6+7+8+10}{4} = 7.75 \tag{4.2}$$

この値を4行目の欠損値に代入します。

　欠損値の補完は、pandasのDataFrameのfillnaメソッド、またはscikit-
learnのimputeモジュールのSimpleImputerクラスを使用して行います。前者
については本章4.2節内の「4.2.5欠損値処理」で説明していますので、ここでは
後者について説明します。次の例は、平均値で補完しています。

In

```
from sklearn.impute import SimpleImputer
# 平均値で欠損値を補完するインスタンスを作成する
imp = SimpleImputer(strategy='mean')
```

```
# 欠損値を補完
imp.fit(df)
imp.transform(df)
```

Out

```
array([[ 1.  ,  6.  , 11.  ],
       [ 3.25,  7.  , 12.  ],
       [ 3.  ,  8.  , 13.  ],
       [ 4.  ,  7.75, 14.  ],
       [ 5.  , 10.  , 15.  ]])
```

　得られた結果を見ると列Aの2行目には3.25が、列Bの4行目には7.75が補完されており、所望の処理が行われていることを確認できます。なお、transformメソッドにはpandasのDataFrameを指定しましたが、返り値はNumPy配列となっていることに注意してください。SimpleImputerクラスの主な引数の意味はそれぞれ 表4.2 の通りです。

表4.2 SimpleImputerクラスの引数

引数	説明
strategy	欠損値を補完する方法を文字列で指定する。'mean'〔平均値〕、'median'〔中央値〕、'most_frequent'〔最頻値〕, 'constant'〔定数値〕のいずれかを選択できる。'constant'を指定する場合は、引数fill_valueに欠損値の補完に使用する値を指定する。
fill_value	引数strategyに'constant'を指定する場合、欠損値の補完に使用する値を指定する。

● カテゴリ変数のエンコーディング

　カテゴリ変数とは、例えば血液型や職業など、いくつかの限られた値において、どれに該当しているのかを示す変数です。ここでは、5行2列のDataFrameを生成します。列Aにはそれぞれ1、2、3、4、5が、列Bにはそれぞれ'A'、'B'、'C'、'D'、'E'を格納します。

In

```
import pandas as pd
df = pd.DataFrame(
    {
        'A': [1, 2, 3, 4, 5],
```

```
        'B': ['a', 'b', 'a', 'b', 'c']
    }
)
df
```

Out

	A	B
0	1	a
1	2	b
2	3	a
3	4	b
4	5	c

　列Bはa、b、cの3つの値のいずれかをとり、カテゴリ変数の例となっています。機械学習でカテゴリ変数を扱う場合、コンピュータが処理しやすいように数値に変換する必要があります。ここでは以下の2つの方法を説明します。

- カテゴリ変数のエンコーディング
- One-hotエンコーディング

カテゴリ変数のエンコーディング

　カテゴリ変数のエンコーディングとは、「a → 0、b → 1、c → 2」のようにカテゴリ変数を数値（整数）に変換する処理を指します。scikit-learnでカテゴリ変数をエンコーディングするにはpreprocessingモジュールのLabelEncoderクラスを使用します。次の例は、先ほど作成したDataFrameに対してカテゴリ変数のエンコーディングを行っています。

In

```
from sklearn.preprocessing import LabelEncoder
# ラベルエンコーダのインスタンスを生成
le = LabelEncoder()
# ラベルのエンコーディング
le.fit(df.loc[:, 'B'])
le.transform(df.loc[:, 'B'])
```

Out

```
array([0, 1, 0, 1, 2])
```

　得られた結果を見ると、列Bの値はそれぞれ0、1、0、1、2となっています。これは、aは0に、bは1に、cは2にそれぞれ変換されたことを意味しています。変換された値と元の値の対応は、LabelEncoderのインスタンスのclasses_属性により確認できます。

In

```
# 元の値を確認
le.classes_
```

Out

```
array(['a', 'b', 'c'], dtype=object)
```

　得られた結果を確認すると、元の値がa、b、cの順で格納されており、それぞれが0、1、2に対応することがわかります。

One-hotエンコーディング

　One-hotエンコーディングとは、カテゴリ変数に対して行う符号化の処理です。テーブル形式のデータのカテゴリ変数の列について、取りうる値の分だけ列を増やして、各行の該当する値の列のみに1が、それ以外の列には0が入力されるように変換します。One-hotエンコーディングは機械学習に入力するデータの作成において、カテゴリ変数の変換等に多用されます。

　例えば、次のデータを考えてみましょう。これは5行2列の行列で、列Aには数値が、列Bにはa、b、cのいずれかの文字列が入力されています。

	A	B
1	1	a
2	2	b
3	3	a
4	4	b
5	5	c

　One-hotエンコーディングを行うと、このデータは次のように変換されます。

	A	B_a	B_b	B_c
1	1	1	0	0
2	2	0	1	0
3	3	1	0	0
4	4	0	1	0
5	5	0	0	1

変換後のデータでは、元々の列Bが列B_a、列B_b、列B_cの3列に展開され
ています。変換のルールは以下の通りです。

- 列Bにaが入力されていた場合、変換後の列B_aに1、列B_bとB_cに0が
  記入される
- 列Bにbが入力されていた場合、変換後の列B_aとB_cに0、列B_bに1が
  記入される
- 列Bにcが入力されていた場合、変換後の列B_aとB_bに0、列B_cに1が記
  入される

ここでは、元々のデータの列Bにa、b、cという3つの値が入力されていた場
合を考えていました。これを一般化して、One-hotエンコーディングはK個の値
をとる列をK個の列に展開して、各行で該当する値の列のみに1が、それ以外の
列は0が入力されるように変換します。One-hotエンコーディングはダミー変数
化、生成された列の変数はダミー変数とも呼ばれます。

One-hotエンコーディングを行うには、scikit-learnを用いる場合は
preprocessingモジュールのOneHotEncoderクラスを用い、また、pandasを
用いる場合はget_dummies関数を使用します。この2つの方法のうち、後者の
get_dummies関数の方が使い勝手が良く、またDataFrameをpandasの関数を
用いてそのまま変換できるという意味で見通しが良くなっています。get_
dummies関数については本章4.2節内の「4.2.3　データの整形」を参照してく
ださい（P.159）。ここでは、OneHotEncoderクラスについて説明します。

先ほど作成したDataFrameの列Bに対してscikit-learnでOne-hotエンコー
ディングを実行します。最初にLabelEncoderクラスを用いてaを1、bを2、c
を3に変換するエンコーディングを行い、次にColumnTransformerクラスの中
でOneHotEncoderクラスを用いることによりOne-hotエンコーディングを行
います。

以下では実際に、scikit-learnのcomposeモジュールのColumnTransformer
クラスを用いてOne-hotエンコーディングの結果を返しています。引数
remainderには、この場合はOne-hotエンコーディングの結果をどのように返

すかを指定します。ここでは'passthrough'を指定することにより、結果をそのまま返すように指定しています。

In

```
from sklearn.preprocessing import LabelEncoder, ⮑
OneHotEncoder
from sklearn.compose import ColumnTransformer
# DataFrameをコピー
df_ohe = df.copy()
# ラベルエンコーダのインスタンス化
le = LabelEncoder()
# 英語のa、b、cを1、2、3に変換
df_ohe.loc[:, 'B'] = le.fit_transform(df_ohe.loc[:, 'B'])
# One-hotエンコーダのインスタンス化
ohe = ColumnTransformer([("OneHotEncoder",
                          OneHotEncoder(), [1])],
                          remainder='passthrough')
# One-hotエンコーディング
df_ohe = ohe.fit_transform(df_ohe)
df_ohe
```

Out

```
array([[1., 0., 0., 1.],
       [0., 1., 0., 2.],
       [1., 0., 0., 3.],
       [0., 1., 0., 4.],
       [0., 0., 1., 5.]])
```

　ColumnTransformerクラスをインスタンス化する中で、OneHotEncoderクラスをインスタンス化する時に、パラメータcategorical_featuresに変換する列の番号をリストで指定していることに注意してください。

◉ 特徴量の正規化

　特徴量の正規化とは、特徴量の大きさを揃える処理です。例えば、ある特徴量の値が2桁の数値（数十のオーダ）、別の特徴量の値が4桁の数値（数千のオーダ）であったとします。この場合、後者の数千のオーダの特徴量に大きな影響を受けて、前者の数十のオーダの特徴量が軽視されやすくなります。こうした状況を防

ぐためには、2つの特徴量のオーダが同様になるように尺度を揃える必要があります。ここでは、分散正規化と最小最大正規化の2つについて説明します。

分散正規化

分散正規化とは、特徴量の平均が0、標準偏差が1となるように特徴量を変換する処理です。標準化やz変換と呼ばれることもあります。数式で書くと次のようになります。

$$x' = \frac{x - \mu}{\sigma} \tag{4.3}$$

ここで、xは特徴量、x'は分散正規化された特徴量を表します。μはこの特徴量の平均、σは標準偏差です。

まずは簡単な例として、2つの数値の列からなるDataFrameを作成します。1つ目の列Aは1から5までの整数、2つ目の列Bは100、200、400、500、800の整数がそれぞれ並んでいます。

In

```python
import pandas as pd
# DataFrameを作成する
df = pd.DataFrame(
    {
        'A': [1, 2, 3, 4, 5],
        'B': [100, 200, 400, 500, 800]
    }
)
df
```

Out

	A	B
0	1	100
1	2	200
2	3	400
3	4	500
4	5	800

作成したDataFrameに対して分散正規化を行います。それぞれの列の平均と標準偏差を求めると、次のようになります。

● 列Aの平均は次の式で計算されます。

$$\frac{1+2+3+4+5}{5} = 3 \tag{4.4}$$

標準偏差は次の式で計算されます。

$$\sqrt{\frac{1}{5}\{(1-3)^2 + (2-3)^2 + (3-3)^2 + (4-3)^2 + (5-3)^2\}} = \sqrt{2} = 1.41421356 \tag{4.5}$$

● 列Bの平均は次の式で計算されます。

$$\frac{100 + 200 + 400 + 500 + 800}{5} = 400 \tag{4.6}$$

標準偏差は次の式で計算されます。

$$\sqrt{\frac{1}{5}\{(100-400)^2 + (200-400)^2 + (400-400)^2 + (500-400)^2 + (800-400)^2\}}$$
$$= \sqrt{60000} = 244.94897428 \tag{4.7}$$

従って、列Aの2行目に分散正規化を行うと、分散正規化を行った後の値は次の式で計算されます。

$$\frac{2-3}{\sqrt{2}} = -\frac{\sqrt{2}}{2} = -0.70710678 \tag{4.8}$$

また列Bの4行目に対しては次の式で計算されます。

$$\frac{500 - 400}{\sqrt{60000}} = 0.40824829 \tag{4.9}$$

scikit-learnで分散正規化を行うには、preprocessingモジュールのStandardScalerクラスを使用します。fitメソッドで各列の平均と標準偏差を求め、transformメソッドにDataFrameを指定して分散正規化を実行します。先に作成したDataFrameに適用すると以下のようになります。最後のtransformメソッドを適用して得られる結果はNumPy配列になっています。

In

```
from sklearn.preprocessing import StandardScaler
# 分散正規化のインスタンスを生成
stdsc = StandardScaler()
# 分散正規化を実行
stdsc.fit(df)
stdsc.transform(df)
```

```
array([[-1.41421356, -1.22474487],
       [-0.70710678, -0.81649658],
       [ 0.        ,  0.        ],
       [ 0.70710678,  0.40824829],
       [ 1.41421356,  1.63299316]])
```

先ほど手計算した通り、列Aの2行目は-0.70710678、列Bの4行目は0.40824829となっていることを確認できます。

最小最大正規化

最小最大正規化は、特徴量の最小値が0、最大値が1をとるように特徴量を正規化する処理です。数式で書くと、次のようになります。

$$x' = \frac{x - x_{\min}}{x_{\max} - x_{\min}} \tag{4.10}$$

ここで、xは特徴量、x'は最小最大正規化された特徴量を表します。$x_{\min}$はxの最小値、$x_{\max}$は最大値です。

分散正規化の説明に使用したDataFrameを用いて最小最大正規化の処理について説明します。

- 列Aの最小値は1（$x_{\min} = 1$）、最大値は5（$x_{\max} = 5$）
- 列Bの最小値は100（$x_{\min} = 100$）、最大値は800（$x_{\max} = 800$）

従って、列Aの2行目に最小最大正規化を行うと$\frac{2-1}{5-1} = 0.25$、列Bの4行目に対しては$\frac{500-100}{800-100} = 0.57142857$となります。

scikit-learnで最小最大正規化を行うには、preprocessingモジュールのMinMaxScalerクラスを使用します。fitメソッドで各列の最小値と最大値を求め、transformメソッドにDataFrameを指定して最小最大正規化を実行します。先に作成したDataFrameに適用すると以下のようになります。

In

```
from sklearn.preprocessing import MinMaxScaler
# 最小最大正規化のインスタンスを生成
mmsc = MinMaxScaler()
# 最小最大正規化を実行
mmsc.fit(df)
mmsc.transform(df)
```

Out

```
array([[0.         , 0.         ],
       [0.25       , 0.14285714],
       [0.5        , 0.42857143],
       [0.75       , 0.57142857],
       [1.         , 1.         ]])
```

　先ほど手計算した通り、列Aの2行目は0.25、列Bの4行目は0.57142857となっていることを確認できます。

🔵 4.4.2　分類

　分類は、データの「クラス」を予測して分けるタスクです。例えば、ユーザのサービスの利用履歴をもとに各ユーザがサービスから「退会する」（可能性が高い）「退会しない」（可能性が高い）という2つのクラスに分ける例などが挙げられます。分類は、後で説明する回帰と並んで教師あり学習の典型的なタスクです。ここで、「教師あり」とはクラスが既知のデータを教師として利用し各データをクラスに振り分けるモデルを学習することに由来しています。

　分類を実行するアルゴリズムは、非常に多くのものが提案されています。本書では以下の3つのアルゴリズムについて説明します。

- サポートベクタマシン
- 決定木
- ランダムフォレスト

⚪ 分類モデル構築の流れ

　分類モデルを構築するには、まず手元のデータセットを学習用とテスト用に分割します（図4.45）。ここでは、それぞれのデータセットを学習データセット、テストデータセットと呼びます。そして、学習データセットを用いて分類モデルを構築し（学習と呼ばれます）、構築したモデルのテストデータセットに対する予測を行い、未知のデータに対する対応能力（汎化能力と呼ばれます）を評価します。

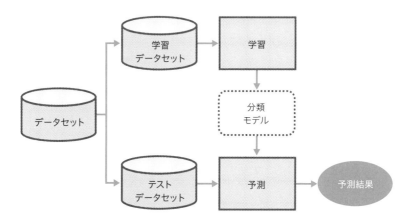

図4.45 分類モデル構築の流れ

　なお、学習用とテスト用の2つに分割するのではなく、学習データセットとテストデータセットの分割を繰り返し、モデルの構築と評価を複数回行う方法は交差検証と呼ばれます。この方法については本節の「交差検証」を参照してください（P.254）。

　scikit-learnのインタフェースでは、学習はfitメソッド、予測はpredictメソッドを用いて行います。

学習データセットとテストデータセットの準備

　学習データセットとテストデータセットへの分割は今後もしばしば行いますので、ここで説明しておきます。また、Irisデータセットも度々使用しますのでここで説明します。

In

```python
from sklearn.datasets import load_iris
# Irisデータセットを読み込む
iris = load_iris()
X, y = iris.data, iris.target
# 先頭5行を表示
print('X:')
print(X[:5, :])
print('y:')
print(y[:5])
```

Out

```
X:
[[5.1 3.5 1.4 0.2]
 [4.9 3.  1.4 0.2]
 [4.7 3.2 1.3 0.2]
 [4.6 3.1 1.5 0.2]
 [5.  3.6 1.4 0.2]]
y:
[0 0 0 0 0]
```

　Iris データセットは、150枚のアヤメの「がく」や「花びら」の長さと幅、そして花の種類を記録しています。上記の例では変数 X にがくや花びらの長さや幅を表す4つの説明変数（特徴量）を格納しています。変数 X は NumPy 配列なので列名は付与されませんが、それぞれの列の名称と意味は 表4.3 の通りです。

表4.3　Iris データセットの説明変数（特徴量）

列番号	名称	意味
1	Sepal Length	がくの長さ
2	Sepal Width	がくの幅
3	Petal Length	花びらの長さ
4	Petal Width	花びらの幅

　また、変数 y にアヤメの種類を表す目的変数を格納しています。この名称と意味は 表4.4 の通りです。

表4.4　Iris データセットの目的変数

名称	意味
Species	花の種類（「0」「1」「2」 の3種類）。「0」は「Setosa」、1は「Versicolor」、2は「Virginica」というアヤメの種類の名称にそれぞれ対応する。

　このデータを学習データとテストデータに分けるために model_selection モジュールの train_test_split 関数を使用します。train_test_split 関数の1番目の引数には説明変数（特徴量）を表す NumPy 配列や pandas の DataFrame、2番目の引数には目的変数を表す NumPy 配列や pandas の Series を指定します。引数 test_size にはテストデータの割合を、引数 random_state にはデータを分割する際に用いるシード値を固定するための値を整数で指定します。例ではテスト

データの割合は30%となります。なお、以降でもしばしばシード値を固定していますが、これは結果に再現性を持たせるために行っており、通常は指定しません。

In

```
from sklearn.model_selection import train_test_split
# 学習データとテストデータに分割
X_train, X_test, y_train, y_test = train_test_split(
                    X, y, test_size=0.3, random_state=123)
print(X_train.shape)
print(X_test.shape)
print(y_train.shape)
print(y_test.shape)
```

Out

```
(105, 4)
(45, 4)
(105,)
(45,)
```

　以上の結果を見ると、学習データセットの特徴量を表す変数X_trainのサイズは105×4行列、テストデータセットについては変数X_testのサイズは45×4行列であることが確認できます。学習データセットが全体で150枚あるアヤメの70%、テストデータセットが残りの30%であることを確認できます。また、目的変数を表す変数y_train、y_testのサイズはそれぞれ105、45です。

◉ サポートベクタマシン

　サポートベクタマシン（support vector machine、SVM）は、分類・回帰だけでなく、外れ値検出にも使えるアルゴリズムです。ここでは、分類に用いるサポートベクタマシンについて説明します。図4.46 に示すように直線や平面などで分離できない（線形分離できないと呼ばれます）データを高次元の空間に写して線形分離することにより、分類を行うアルゴリズムです。実際は、高次元の空間に写すのではなく、データ間の近さを定量化するカーネル（高次元の空間でのデータ間の内積を計算する関数に相当）を導入しています。

 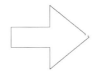 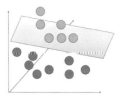

直線では分離できない　　　　　　　　　　高次元に写像して分離

図4.46 サポートベクタマシンのアイディア

　サポートベクタマシンのアルゴリズムの導入的な説明を行います。まずは、2次元で直線を境界として2つのクラスが明確に分けられる例から始めます。**図4.47** のように、2つのクラスに属する2次元のデータについて考えてみます。点の形が●のデータはクラス0に、形が×のデータはクラス1に属しているとしましょう。

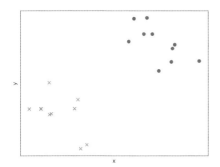

図4.47 2つのクラスに属する2次元のデータ

　2つのクラスのデータを直線で分離することを考えてみます。直線の引き方は **図4.48** に示すように複数あり、一通りに決まりません。

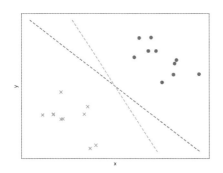

図4.48 2つのクラスを分離する直線の引き方

サポートベクタマシンは、この直線とそれに最も近い各クラスのデータ間の距離が最も大きくなるように直線を引きます（図4.49）。ここで、直線のことを決定境界、各クラスのデータをサポートベクタ、そしてクラス間のサポートベクタの距離をマージンと呼びます。サポートベクタマシンはマージンを最大にすることにより決定境界を求めます。マージンを最大にするのは、決定境界がサポートベクタから遠くなり、多少のデータが変わっても誤った分類を行う可能性を低くできると期待できるためです。このようにして、未知のデータに対応する能力（汎化能力）を持たせようとしています。

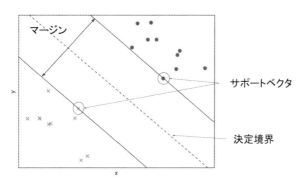

図4.49 決定境界とサポートベクタマシン

　サポートベクタマシンのアルゴリズムの詳細を数式を交えて説明すると初学者にはハードルが高く、また紙面が必要です。そこで、ここではscikit-learnを使いながら理解を深めていきましょう。
　まず説明に使用するデータセットを以下の方法により、それぞれ100点生成します（図4.50）。
- クラス0はx軸y軸ともに0から1までを値の範囲とする一様乱数
- クラス1はx軸y軸ともに-1から0までを値の範囲とする一様乱数

　以下では一様分布からデータをサンプリングする時に、np.random.Generator.uniform関数を使用しています（P.108）。ここでは、クラス1のデータは-1から0までの値の範囲とする一様乱数を生成しています。なお、uniform関数の引数low、highはデフォルトではlow=0、high=1となっており、0以上1未満の一様乱数を生成します。クラス0のデータはx軸、y軸ともに0から1までが値の範囲であるため、引数low、highに値を指定していないことに注意してください。また、uniform関数の引数size=(100, 2)と指定しているのは、100個のデータのx軸、y軸の値を計2つ発生させるためです。その結果、変数X0、

X1は100×2行列として得られます。なお、np.repeat関数は第1引数の値を第2引数の回数繰り返したNumPy配列を生成します。

In

```python
import numpy as np
import matplotlib.pyplot as plt
# 乱数シードを固定
rng = np.random.default_rng(123)
# x軸y軸ともに0から1までの一様分布から100点をサンプリング
X0 = rng.uniform(size=(100, 2))
# クラス0のラベルを100個生成
y0 = np.repeat(0, 100)
# x軸y軸ともに-1から0までの一様分布から100点をサンプリング
X1 = rng.uniform(-1.0, 0.0, size=(100, 2))
# クラス1のラベルを100個生成
y1 = np.repeat(1, 100)
# 散布図にプロット
fig, ax = plt.subplots()
ax.scatter(X0[:, 0], X0[:, 1],
           marker='o', label= 'class 0')
ax.scatter(X1[:, 0], X1[:, 1],
           marker='x', label= 'class 1')
ax.set_xlabel('x')
ax.set_ylabel('y')
ax.legend()
plt.show()
```

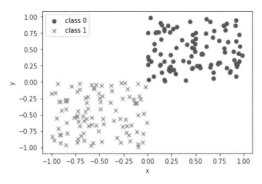

図4.50 一様乱数による2つのクラスに属する2次元のデータの生成

続いて、サポートベクタマシンにより学習を行います。svmモジュールのSVCクラスをインスタンス化し、fitメソッドで学習します。

　この学習および決定境界、マージン、サポートベクタを可視化する処理は今後も何度か使用するので、以下のように関数plot_boundary_margin_svにまとめます。この関数の引数kernelにはサポートベクタマシンのカーネルを、引数CにはパラメータC（P.233）を指定します。また、決定境界とマージンをプロットする際は、matplotlib.axes.Axes.contour関数を使用します。この関数は等高線をプロットします。さらに、決定境界は等高線の高さを0、各クラスのサポートベクタを通過する直線の等高線の高さをそれぞれ-1, 1としています。

In

```python
from sklearn.svm import SVC
# 学習，および決定境界，マージン，サポートベクタを可視化する関数
def plot_boundary_margin_sv(X0, y0, X1, y1, kernel, C,
                            xmin=-1, xmax=1, ymin=-1, ymax=1 ):
    # サポートベクタマシンのインスタンス化
    svc = SVC(kernel=kernel, C=C)
    # 学習
    svc.fit(np.vstack((X0, X1)), np.hstack((y0, y1)))

    fig, ax = plt.subplots()
    ax.scatter(X0[:, 0], X0[:, 1],
               marker='o', label='class 0')
    ax.scatter(X1[:, 0], X1[:, 1],
               marker='x', label='class 1')
    # 決定境界とマージンをプロット
    xx, yy = np.meshgrid(np.linspace(xmin, xmax, 100),
                         np.linspace(ymin, ymax, 100))
    xy = np.vstack([xx.ravel(), yy.ravel()]).T
    p = svc.decision_function(xy).reshape((100, 100))
    ax.contour(xx, yy, p,
               colors='k', levels=[-1, 0, 1],
               alpha=0.5, linestyles=['--', '-', '--'])
    # サポートベクタをプロット
    ax.scatter(svc.support_vectors_[:, 0],
               svc.support_vectors_[:, 1],
               s=250, facecolors='none',
               edgecolors='black')
    ax.set_xlabel('x')
```

ライブラリによる分析の実践

```
        ax.set_ylabel('y')
        ax.legend(loc='best')
        plt.show()
```

　次の例は、SVCクラスのインスタンス化の時にパラメータC=1e6としています（ 図4.51 ）。これはCの値を10^6と設定していることを表します。

In

```
# 決定境界、マージン、サポートベクタをプロット
plot_boundary_margin_sv(X0, y0, X1, y1,
                        kernel='linear', C=1e6)
```

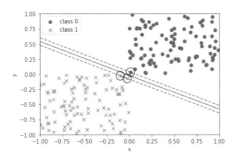

図4.51 決定境界の可視化（C=1e6）

　それぞれのクラスでサポートベクタが1つずつ求められており、決定境界が実線でプロットされていることを確認できます。

　さて、上記ではSVCクラスをインスタンス化する時にパラメータC=1e6と設定していました。Cは「どれだけマージンを広く設定するか（またはその逆で狭く設定するか）」を表します。Cの値が小さいほどマージンは広く、大きいほどマージンは狭くなります。

　次の例は、C=0.1と設定しています（ 図4.52 ）。

In

```
# 決定境界、マージン、サポートベクタをプロット
plot_boundary_margin_sv(X0, y0, X1, y1,
                        kernel='linear', C=0.1)
```

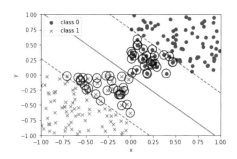

図4.52 決定境界の可視化（C=0.1）

　C=1e6の場合と比べて、マージンは大きくなり、サポートベクタの個数が増えていることを確認できます。

　次に、データのクラスを直線では分離できない場合を考えてみましょう。x軸、y軸ともに0から1までの一様乱数を100個生成し、

- $y > 2(x - 0.5)^2 + 0.5$ の場合はクラス1
- $y \leq 2(x - 0.5)^2 + 0.5$ の場合はクラス0

とします。このデータは直線でクラスを完全に分離することができません（**図4.53**）。

In

```
rng = np.random.default_rng(123)
X = rng.random(size=(100, 2))
y = (X[:, 1] > 2*(X[:, 0]-0.5)**2 + 0.5).astype(int)
fig, ax = plt.subplots()
ax.scatter(X[y == 0, 0], X[y == 0, 1],
           marker='o', label='class 0')
ax.scatter(X[y == 1, 0], X[y == 1, 1],
           marker='x', label='class 1')
ax.legend()
plt.show()
```

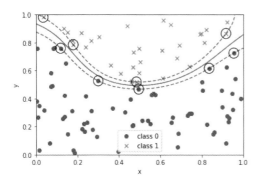

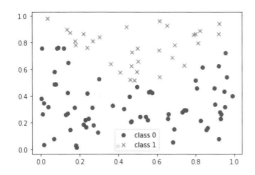

図 4.53 直線で分離できないデータ

さて、このデータに対してサポートベクタマシンでクラスを分類するための学習を行ってみましょう。SVC クラスをインスタンス化する時にパラメータ kernel='rbf' と指定して、カーネルとして動径基底関数（radial basis function）を使用しています（**図 4.54**）。

In

```
# 決定境界、マージン、サポートベクタをプロット
X0, X1 = X[y == 0, :], X[y == 1, :]
y0, y1 = y[y == 0], y[y == 1]
plot_boundary_margin_sv(X0,  y0,  X1,  y1,
                        kernel='rbf', C=1e3, xmin=0, ymin=0)
```

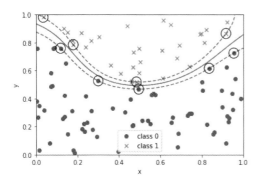

図 4.54 カーネルとして動径基底関数を用いて 2 つのクラスを分離

実線で示される決定境界を境に、2 つのクラスが分離されていることを確認できます。

以上の例では、0 以上 1 以下の乱数を生成して特徴量としていました。一般に

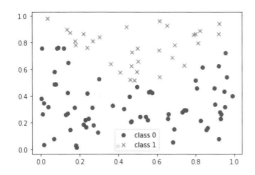

サポートベクタマシンは、極端に絶対値の大きな特徴量に分類結果が影響を受けやすい傾向があります。そのため、サポートベクタマシンを使用する時は、本節内で説明した特徴量の正規化（P.221）を行い、それぞれの特徴量の尺度を揃えておくとよいでしょう。

○ 決定木

決定木（decision tree）は、**図4.55**に示すようにデータを分割するルールを次々と作成していくことにより、分類を実行するアルゴリズムです。機械学習の代表的な手法であり、モデルの内容が理解しやすいため、実務でも多用されます。

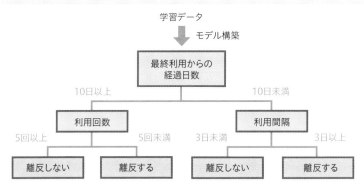

	利用回数	利用間隔	最終利用からの経過日数	…	サービスからの離反
Aさん	5回	10.1日	3日	…	あり
Bさん	2回	1.5日	1日	…	なし
…	…	…	…	…	…

図4.55 決定木

決定木の説明を行う前に、以後で使用する単語についてまず説明します。決定木に限った話ではありませんが、「木」と呼ばれるデータ構造は頂点である「ノード」とそれらを結ぶ「エッジ」から構成されます。例えば、**図4.55**に示す客の離反の例では、「最終利用からの経過日数」、「利用回数」、「利用間隔」がノード、「最終利用からの経過日数が10日以上」、「利用回数5回未満」などがエッジとなります。また、木を家系図に見立て、ノードが子供に相当する「子ノード」を持つことがあります。例えば、「最終利用からの経過日数」の子ノードは「利用回数」と「利用間隔」の2つのノードです。また逆に、ノードから見て親に相当する「親ノード」を持つことがあります。例えば、「利用回数」から見ると「最終利用から

の経過日数」は親ノードです。

　なお、木の最上部にあり親ノードを持たないノードは根ノード（root node）と呼ばれます。また、木の最下部にあり子ノードを持たないノードは葉ノード（leaf node）と呼ばれます。「根」と「葉」の位置関係は通常私たちがイメージする植物の木とは逆になっていることに注意しましょう。なお、根ノードから葉ノードに至るまでの経路に存在するノードの数を「木の深さ」と呼びます。木の深さを数える時は、葉ノードも含めます。例えば、図4.55の例では、木の深さは2です。

　決定木でデータを分割する時は、どの特徴量のどの値で分割するかを決めなければなりません。そのために、「データを分割することによってどれだけ得をするか」について考えます。これは情報利得（information gain）と呼ばれます。ここで、「得」というのは少し曖昧な表現です。決定木は元々クラスをきれいに分けることを目的としていました。そのため、決定木における「得」とはクラスをよりきれいに分けられるようになることです。しかし、これでもまだ曖昧さが残りますので、もう少し詳しく説明します。

　決定木でデータを分割する時は「クラスをきれいに分けられる」とは逆に「どれだけクラスが混在しているか」という指標を考えます。この指標のことを不純度と呼びます。そして、データを分割することでこの不純度が下がること、すなわちクラスをきれいに分けられるようになることにより、分割の基準を作っていきます。

　情報利得は、親ノードの不純度から子ノードの不純度の合計を引いたものとして定義されます。

$$情報利得＝親ノードの不純度 - 子ノードの不純度の合計 \quad (4.11)$$

　情報利得が正の場合、親ノードの不純度の方が子ノードでの不純度の合計よりも大きくなります。これは親ノードの方がクラスが混在していることを表すので、子ノードに分割した方が良くなります。逆に、情報利得が負の場合、親ノードの不純度の方が子ノードでの不純度の合計よりも小さくなり、親ノードの方がクラスが混在していないことを表します。そのため、子ノードに分割しない方が良くなります。

　さて不純度の指標として、ジニ不純度、エントロピー、分類誤差などが用いられます。ここではscikit-learnでデフォルトで用いられているジニ不純度について指標の意味と定義について説明します。

　ジニ不純度は、各ノードに間違ったクラスが振り分けられてしまう確率を表します。例えば、あるノードにクラス0が振り分けられる確率が0.6、クラス1が振り分けられる確率が残りの0.4であったとしましょう。この時、ジニ不純度は以

下のように計算されます。

クラス0であるのにクラス1と振り分けられてしまう確率は

$$0.6 \times 0.4 = 0.24 \tag{4.12}$$

クラス1であるのにクラス0と振り分けられてしまう確率は

$$0.4 \times 0.6 = 0.24 \tag{4.13}$$

従って、データが違うクラスに振り分けられてしまう確率は以上を合計して0.48となり、これがジニ不純度の値になります。

以上で説明した内容を数式で書くと式（4.14）のようになります。クラス0である確率を$P(0)(= 0.6)$、クラス1である確率を$P(1)(= 0.4)$と表します。この時、クラス0であるのにクラス1と振り分けられてしまう確率は$P(0)(1 - P(0))$、クラス1であるのにクラス0と振り分けられてしまう確率は$P(1)(1 - P(1))$となります。従ってジニ不純度は、

$$P(0)(1 - P(0)) + P(1)(1 - P(1)) = (P(0) + P(1)) - (P(0)^2 + P(1)^2) \\ = 1 - (P(0)^2 + P(1)^2) \tag{4.14}$$

最後の式変形では$P(0) + P(1) = 0.6 + 0.4 = 1$となることを用いました。以上の式を第3章で学習した総和の形で書くと、以下の式になります。

$$1 - (P(0)^2 + P(1)^2) = 1 - \sum_{c=0}^{1} P(c)^2 \tag{4.15}$$

これを一般化して、クラスがC個ある時（$c = 0, \ldots, C - 1$）、そのノードにおけるジニ不純度は以下の式で表せます。

$$1 - \sum_{c=0}^{C-1} P(c)^2 \tag{4.16}$$

冒頭で決定木のイメージとして挙げた例において、顧客の人数が以下のようになっていたとします。

- 全体で1,000人の顧客がいて、そのうち離反した顧客は100人で、離反しなかった顧客は残りの900人
- 最終利用からの経過日数が10日以上の顧客は600人で、そのうち離反した顧客は90人で、離反しなかった顧客は残りの510人
- 最終利用からの経過日数が10日未満の顧客は400人で、そのうち離反した顧客は10人で、離反しなかった顧客は残りの390人

ジニ不純度はそれぞれのノードで次のようになります。

$$親ノードのジニ不純度 = 1 - \left(\left(\frac{100}{1000} \right)^2 + \left(\frac{900}{1000} \right)^2 \right) \tag{4.17}$$
$$= 1 - 0.01 - 0.81 = 0.18$$

$$左側の子ノードのジニ不純度 = 1 - \left(\left(\frac{510}{600} \right)^2 + \left(\frac{90}{600} \right)^2 \right)$$
$$= 1 - \left(0.85^2 + 0.15^2 \right) \tag{4.18}$$
$$= 1 - \left(0.7225 + 0.0225 \right)$$
$$= 1 - 0.745$$
$$= 0.255$$

$$右側の子ノードのジニ不純度 = 1 - \left(\left(\frac{10}{400} \right)^2 + \left(\frac{390}{400} \right)^2 \right)$$
$$= 1 - \left(0.04^2 + 0.975^2 \right) \tag{4.19}$$
$$= 1 - \left(0.000625 + 0.950625 \right)$$
$$= 1 - 0.95125$$
$$= 0.04875$$

この時、情報利得は、

$$0.18 - \frac{600}{1000} \times 0.255 - \frac{400}{1000} \times 0.04875 = 0.18 - 0.153 - 0.0195 = 0.0075 \tag{4.20}$$

となります。情報利得が正となることから木を分割した方が良いことがわかります。

scikit-learnで決定木を実行するには、treeモジュールのDecisionTreeClassifier
クラスを使用します。DecisionTreeClassifierクラスのインスタンスを生成し、
fitメソッドで学習を実行します。DecisionTreeClassifierクラスをインスタン
ス化する時の変数max_depth=3と指定することにより、木の最大の深さを3に
指定しています。

In

```
from sklearn.datasets import load_iris
from sklearn.model_selection import train_test_split
from sklearn.tree import DecisionTreeClassifier
# Irisデータセットを読み込む
iris = load_iris()
X, y = iris.data, iris.target
# 学習データセットとテストデータセットに分割する
X_train, X_test, y_train, y_test = train_test_split(
                X, y, test_size=0.3, random_state=123)
# 決定木をインスタンス化する（木の最大の深さ=3）
```

```
tree = DecisionTreeClassifier(max_depth=3,
                              random_state=123)
# 学習
tree.fit(X_train, y_train)
```

Out

```
DecisionTreeClassifier(max_depth=3, random_state=123)
```

　学習した決定木はpydotplusライブラリを用いて可視化できます。このライブラリは、GraphVizと呼ばれる可視化ツールを使用しています。GraphVizのインストール方法については、Graphvizのページ（https://www.graphviz.org/download/）を参照してください。なおWindowsの場合、GraphVizへの環境変数は手動での追加が必要な場合があります。

　pydotplusライブラリは、以下のようにpipコマンドによりインストールします。

(pydataenv)% **pip install pydotplus**

　　Collecting pydotplus

　　　Using cached pydotplus-2.0.2-py3-none-any.whl

　　（中略）

　　Installing collected packages: pydotplus

　　Successfully installed pydotplus-2.0.2

　それでは決定木を描画してみましょう。学習した決定木を表すオブジェクトtreeからtreeモジュールのexport_graphviz関数を用いてdot形式のデータを抽出します。そして、pydotplusモジュールのgraph_from_dot_data関数を用いてグラフを表すオブジェクトを生成し、そのwrite_pngメソッドにファイル名を指定して出力します。

In

```
from pydotplus import graph_from_dot_data
from sklearn.tree import export_graphviz
# dot形式のデータを抽出
dot_data = export_graphviz(tree, filled=True,
              rounded=True,
              class_names=['Setosa',
```

```
                                  'Versicolor',
                                  'Virginica'],
                    feature_names=['Sepal Lenqth',
                                   'Sepal Width',
                                   'Petal Length',
                                   'Petal Width'],
                    out_file=None)
# 決定木のプロットを出力
graph = graph_from_dot_data(dot_data)
graph.write_png('tree.png')
```

Out

```
True
```

　以上を実行すると、決定木がプロットされたファイルtree.pngが出力されます（ 図4.56 ）。

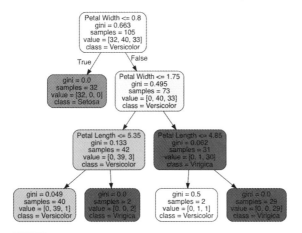

図4.56 構築した決定木の可視化

　得られた決定木の見方について、最初のノードの分割を例にとり簡単に説明します。

● 一番上のノードは、Petal Widthが0.8以下か、0.8よりも大きいかでデータを分割する。分割前、データのクラスの個数は、「value=[32,40,33]」と記載された部分からわかる。これは、Setosaが32、Versicolorが40、Virginicaが33であることを表している。Setosa、Versicolor、Virginicaはそれぞれアヤメの種類を表している（詳細はP.227の 表4.4 を参照）。多

数決ではVersicolorが最も多く、「class=Versicolor」と記載された部分に
その多数決による結果が記載されている。また、このノード内のジニ不純度
は「gini=0.663」と記載された部分からわかり、0.663となっている。

● Petal Widthが0.8以下の場合は左下の子ノードに移り、データのクラスの
個数はSetosaが32、VersicolorとVirginicaが0となっている。クラスが
Setosaのデータしかないため、ジニ不純度は0.0となっている。

● Petal Widthが0.8より大きい場合は右下の子ノードに移り、データのクラ
スの個数はSetosaが0、Versicolorが40、Virginicaが33となっている。
ジニ不純度は0.495となっている。

構築した決定木を用いて予測を行うにはpredictメソッドを使用します。

In

```
# 予測
y_pred = tree.predict(X_test)
y_pred
```

Out

```
array([1, 2, 2, 1, 0, 1, 1, 0, 0, 1, 2, 0, 1, 2, 2, 2, 0,
       0, 1, 0, 0, 1, 0, 2, 0, 0, 0, 2, 2, 0, 2, 1, 0, 0,
       1, 1, 2, 0, 0, 1, 1, 0, 2, 2, 2])
```

予測結果を見ると、各サンプルのクラスは最初から順にそれぞれ1, 2, 2, 1, 0,
… と予測されていることがわかります。予測の「良さ」を評価するためには、こ
れらの予測値がどの程度正確であるかを確かめる必要があります。そのために
は、y_predとy_testの値の比較が必要です。この方法については「4.4.5 モデル
の評価」で説明します（P.251）。

● ランダムフォレスト

ランダムフォレスト（random forest）は、図4.57 に示すようにデータのサン
プルと特微量（説明変数）をランダムに選択して決定木を構築する処理を複数回
繰り返し、各木の推定結果の多数決や平均値により分類・回帰を行う手法です。
ランダムに選択されたサンプルと特微量（説明変数）のデータをブートストラッ
プデータと呼びます。ランダムフォレストは決定木のアンサンブル（集合）であ
り、このように複数の学習器を用いた学習方法はアンサンブル学習と呼びます。
ランダムフォレストを用いた学習はアンサンブル学習の1つです。

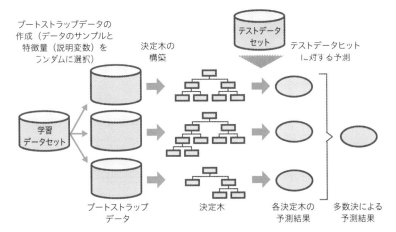

図4.57 ランダムフォレスト

　scikit-learnでランダムフォレストを実行するには、ensembleモジュールの
RandomForestClassifierクラスを使用します。これまで説明してきたアルゴリ
ズムとまったく同様に、fitメソッドにより学習、predictメソッドにより未知の
データに対する予測を実行します。RandomForestClassifierクラスをインスタ
ンス化する際に、パラメータn_estimatorsには決定木の個数を指定します。この
例では100個の決定木を構築しています。

In

```
from sklearn.ensemble import RandomForestClassifier
# ランダムフォレストをインスタンス化する
forest = RandomForestClassifier(n_estimators=100,
                                random_state=123)
# 学習
forest.fit(X_train, y_train)
# 予測
y_pred = forest.predict(X_test)
y_pred
```

Out

```
array([1, 2, 2, 1, 0, 1, 1, 0, 0, 1, 2, 0, 1, 2, 2, 2, 0,
       0, 1, 0, 0, 1, 0, 2, 0, 0, 0, 2, 2, 0, 2, 1, 0, 0,
       1, 1, 2, 0, 0, 1, 1, 0, 2, 2, 2])
```

予測結果を見ると、各サンプルのクラスは1, 2, 2, 1, 0, ... と予測されていることを確認できます。

◉ 4.4.3 回帰

回帰とは、ある値（目的変数と呼ばれます）を別の単一または複数の値（説明変数、機械学習では特に特徴量と呼ばれます）で説明するタスクです。例えば、次の用途などは回帰の例です。

- 生徒の数学の試験の点数を理科の試験の点数で説明する（説明変数＝理科の試験の点数，目的変数＝数学の試験の点数）。
- 賃貸住宅の家賃を物件の広さと居住地域で説明する（説明変数＝物件の広さ，居住地域，目的変数＝家賃）。

線形回帰は、目的変数をy、説明変数（特徴量）がp個あるとして$x_1, \ldots, x_p$とした時、

$$y = a_0 + a_1 x_1 + \cdots + a_p x_p \tag{4.21}$$

として、データを最もよく説明する係数$a_0, a_1, \ldots, a_p$を求めます。そのための方法として最尤法や最小二乗法などがありますが、紙面の都合もありここでは説明を省略します。線形と呼ばれているのは、目的変数yがそれぞれの説明変数の値の1次式の和で表されているためです。なお線形回帰は、説明変数が1変数の時は単回帰、2変数以上の時は重回帰と呼ばれます。

線形回帰は、scikit-learnのlinear_modelモジュールのLinearRegressionクラスを用いて実行できます。次の例は、California housingデータセットを読み込み学習データセットとテストデータセットに分割した後に、LinearRegressionクラスをインスタンス化し学習を行っています。なお、California housingデータセットは、米国カリフォルニア州のブロック（地区）別に、住宅価格の中央値と8個の特徴量を記録したデータセットです。8個の特徴量には、住居の部屋数の平均、ブロックの人口などが含まれています。

In

```
from sklearn.linear_model import LinearRegression
from sklearn.datasets import fetch_california_housing
from sklearn.model_selection import train_test_split

# California housingデータセットを読み込む
housing = fetch_california_housing()
```

```
X, y = housing.data, housing.target
# 学習データセットとテストデータセットに分割
X_train, X_test, y_train, y_test = train_test_split(
                    X, y, test_size=0.3, random_state=123)

# 線形回帰をインスタンス化
lr = LinearRegression()
# 学習
lr.fit(X_train, y_train)
```

Out

```
LinearRegression()
```

テストデータセットに対する予測は、predict メソッドを用いて行います。

In

```
# テストデータセットを予測
y_pred = lr.predict(X_test)
```

横軸を予測値、縦軸を実績値とする散布図をプロットしてみましょう（図4.58）。多くの点が「実績値＝予測値」となる線の付近にあれば予測は良好と言えるのですが、結果を見ると必ずしもそのようにはなっていません。従って、予測は良好ではなく、特徴量の可視化や集計等を通して、改善する必要があります。

In

```
import matplotlib.pyplot as plt
# 横軸を予測値、縦軸を実績値とする散布図をプロットする
fig, ax = plt.subplots()
ax.scatter(y_pred, y_test)
ax.plot((0, 8), (0, 8),
        linestyle='dashed', color='red')
ax.set_xlabel('predicted value')
ax.set_ylabel('actual value')
plt.show()
```

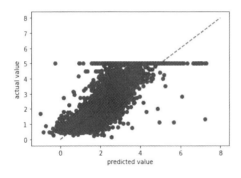

図4.58 予測値と実績値の散布図

🎲 4.4.4　次元削減

　次元削減とは、データが持っている情報をなるべく損ねることなく次元を削減してデータを圧縮するタスクです。例えば、解析するデータの特徴量が10万個あるとします。こうした大量の特徴量を処理するには膨大な計算時間が必要であり、またデータを理解するのも困難です。次元削減を行うことにより、元々の10万の特徴量からそれほど情報を落とすことなく、数個〜数十個の新しい特徴量を抽出することができます。

　例として、図4.59の2次元のデータについて考えてみましょう。これらのデータは、x軸は0以上1未満の一様乱数、y軸はx軸に平均0、標準偏差1の正規分布から生成された乱数に0.05を掛けたものを足し合わせて生成しています。

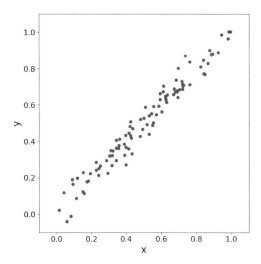

図4.59 2次元のデータ

　このデータは多少のばらつきはあるにしても、**図4.60** の直線（$y = x$）付近に集まっていることを確認できます。

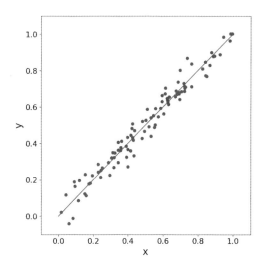

図4.60 データが直線（$y = x$）付近に集中していることの確認

　それでは **図4.61** のように、この直線を新しい軸としてデータを投影（射影）してみましょう。

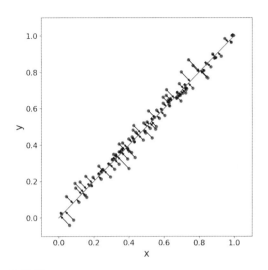

図4.61 新しい軸へのデータの投影（射影）

　新しい軸をx'とすると、図4.62を得ます。横に引かれた線が、元々の直線に対応しています。この新しい軸x'の座標でデータの特徴の大半を抽出できるのではないかと期待できそうです。

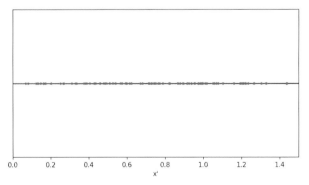

図4.62 直線に投影（射影）したデータの1次元の座標

　以上では2次元のデータを例にとり、1次元にデータを投影しました。次元削減はこの例のように、データが持つ情報をなるべく損ねずにより低い次元にデータを投影するタスクです。

● 主成分分析

主成分分析（principal component analysis、PCA）は、高次元のデータに対して分散が大きくなる方向（データが散らばっている方向）を探して、元の次元と同じかそれよりも低い次元にデータを変換する手法です。

scikit-learnで主成分分析を実行するには、decompositionモジュールのPCAクラスを使用します。ここでは簡単な例として、以下の2次元のデータを50個生成して主成分分析を実行します（図4.63）。

- x軸の値は、0以上1未満の一様乱数
- y軸の値は、x軸の値を2倍した後に、0以上1未満の一様乱数を0.5倍して足し合わせる

In

```python
import numpy as np
import matplotlib.pyplot as plt
# シード値を固定
rng = np.random.default_rng(123)
# 0以上1未満の一様乱数を50個生成
X = rng.uniform(size=50)
# Xを2倍した後に、0以上1未満の一様乱数を0.5倍して足し合わせる
Y = 2*X + 0.5*rng.uniform(size=50)
# 散布図をプロット
fig, ax = plt.subplots()
ax.scatter(X, Y)
plt.show()
```

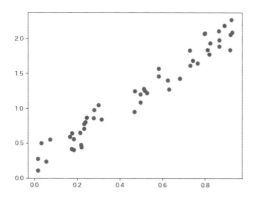

図4.63 50個の2次元データ

それでは主成分分析を実行します。PCAクラスをインスタンス化し、fit_transformメソッドにデータの座標を表すNumPy配列を指定します。このNumPy配列は行がデータのサンプル、列が各次元を表していますので、今回の例では50×2の行列となります。また、PCAクラスのインスタンス化を行う際に引数n_componentsに2を指定しています。これは、主成分分析により新たな2変数に変換することを意味しています。この2変数を主成分と呼び、1番目の主成分を第1主成分、2番目の主成分を第2主成分と呼びます。なお、ここでは元々2次元のデータを新たな2次元の座標に変換しており、この時点では次元を削減していません。しかし、後ほど主成分分析により変換された2次元の座標のうち1つが重要であることを確認します。そのため、この例では主成分分析により1次元に次元を削減できそうであることを確認できます。

In

```
from sklearn.decomposition import PCA
# 主成分のクラスをインスタンス化
pca = PCA(n_components=2)
# 主成分分析を実行
X_pca = pca.fit_transform(np.hstack((X.reshape(-1, 1),
                          Y.reshape(-1, 1))))
```

　主成分分析の結果得られた座標を散布図にプロットしてみましょう（図4.64）。

In

```
# 主成分分析の結果得られた座標を散布図にプロット
fig, ax = plt.subplots()
ax.scatter(X_pca[:, 0], X_pca[:, 1])
ax.set_xlabel('PC1')
ax.set_ylabel('PC2')
ax.set_xlim(-1.1, 1.1)
ax.set_ylim(-1.1, 1.1)
plt.show()
```

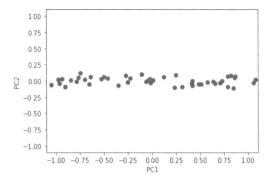

図4.64 第1主成分と第2主成分の散布図

　以上の結果を見ると、新しい座標PC1（横軸）についてはデータが散らばっているのに対して、PC2（縦軸）についてはあまり散らばっていないことが確認できます。

🔷 4.4.5　モデルの評価

　機械学習を用いて構築したモデルの良し悪しを評価する指標が数多く提案されています。分類と回帰のそれぞれに対して評価指標がありますが、ここでは分類の代表的な指標について説明します。

　分類では、データのクラスをどの程度正確に当てられたかが重要です。その正確さを測るための指標について、ここでは大きく2つの観点から説明します。

　1. カテゴリの分類精度
　2. 予測確率の正確さ

● カテゴリの分類精度

　データのカテゴリをどの程度当てられたかを定量化する指標として、適合率（precision）、再現率（recall）、F値（F-Value）、正解率（accuracy）などがあります。これらは、混同行列（confusion matrix）から計算します。

　混同行列とは **図4.65** に示すように、予測と実績のクラスラベルの組み合わせを集計した表です。ここで、「正例」とは興味のあるクラスに属するデータ、「負例」とは興味のないクラスに属するデータです。例えば、Webサービスのユーザの退会を予測する場合、どのユーザが退会するかに興味があるので、正例は退会したユーザ、負例は退会しなかったユーザとなります。混同行列に示されているtp、fp、fn、tnの意味はそれぞれ次の通りです。

- tp: 正例と予測して、実際に正例だった件数。True Positive の略であり、正例と予測して (Positive) 当たった (True) ことを表している（真陽性）。
- fp: 正例と予測したが、実際は負例だった件数。False Positive の略であり、正例と予測した (Positive) が外れた (False) ことを表している（偽陽性）。
- fn: 負例と予測したが、実際は正例だった件数。False Negative の略であり、負例と予測した (Negative) が外れた (False) ことを表している（偽陰性）。
- tn: 負例と予測して、実際に負例だった件数。True Negative の略であり、負例と予測して (Negative) 当たった (True) ことを表している（真陰性）。

		実績	
		正例	負例
予測	正例と予測	tp 正例と予測して 実際に正例	fp 正例と予測したが 実際は負例
	負例と予測	fn 負例と予測したが 実際は正例	tn 負例と予測して 実際に負例

図4.65 混同行列（scikit-learn で混同行列を出力する confusion_matrix 関数で出力されるものと順番が異なります）[※3]

混同行列を用いて、適合率、再現率、F値、正解率を次のように定義します。なお、以下では適合率と再現率はわかりやすさのために正例の場合のみで説明しています。実際には負例の適合率と再現率も定義できることに注意してください。

- 適合率：正例と予測したデータのうち、実際に正例の割合を表す。すなわち、適合率 $= tp/(tp + fp)$。

  適合率が高いほど、正例と予測して実際に正例であったデータの割合が高いことを表す。そのため、適合率は予測するクラスをなるべく間違えないようにしたい時に重視する指標。

- 再現率：実際の正例のうち、正例と予測したものの割合を表す。すなわち、再現率 $= tp/(tp + fn)$。

- F値：適合率と再現率の調和平均。すなわち、F値 $=2/(1/適合率 + 1/再現率) = 2 * 適合率 * 再現率/(適合率 + 再現率)$。

  一般的に適合率と再現率はトレードオフの関係にある。つまり、どち

※3　scikit-learn で混同行列を計算する confusion_matrix 関数の引数 labels を指定しない場合、第1・2引数の要素の昇順でソートされます。そのため、図4.65とは異なり左上から反時計回りに tn、fn、tp、fp となることに注意してください。

252

らか一方の指標を高くすると、もう一方の指標は低くなる。F値は適合率
と再現率の調和平均をとることにより、両方の指標がバランスの良い値
になることを目指す時に重視する指標。

● 正解率：正例か負例かを問わず、予測と実績が一致したデータの割合を表
　　　　す。すなわち、正解率 $= (\mathrm{tp} + \mathrm{tn})/(\mathrm{tp} + \mathrm{fp} + \mathrm{fn} + \mathrm{tn})$。

次の例はIrisデータセットを読み込み、学習データセットとテストデータセッ
トに分割し、学習データセットに対してサポートベクタマシンを用いて学習して
います。そして、テストデータセットに対して予測しています。

ここでは、Irisのデータを先頭から100行まで使用しています。Irisのデータに
含まれる3つの花の種類のうち、0:Setosaと1:Versicolorの2種類を使用するた
めです。コード上で、iris.data[:100, :]とiris.target[:100]としているのはその
ためです。

In

```python
from sklearn.datasets import load_iris
from sklearn.svm import SVC
from sklearn.model_selection import train_test_split
# Irisデータセットを読み込む
iris = load_iris()
X, y = iris.data[:100, :], iris.target[:100]
# 学習データセット、テストデータセットに分割
X_train, X_test, y_train, y_test = train_test_split(
                    X, y, test_size=0.3, random_state=123)
# SVMのインスタンス化
svc = SVC()
# SVMで学習
svc.fit(X_train, y_train)
# テストデータセットの予測
y_pred = svc.predict(X_test)
```

予測結果の適合率、再現率、F値を出力するにはscikit-learnのmetricsモ
ジュールのclassification_report関数が便利です。

In

```python
from sklearn.metrics import classification_report
# 適合率、再現率、F値を出力
print(classification_report(y_test, y_pred))
```

	precision	recall	f1-score	support
0	1.00	1.00	1.00	15
1	1.00	1.00	1.00	15
accuracy			1.00	30
macro avg	1.00	1.00	1.00	30
weighted avg	1.00	1.00	1.00	30

　以上の結果には、縦方向に「0」、「1」、「accuracy」、「macro avg」、「weighted avg」の5つが、横方向に「precision」、「recall」、「f1-score」、「support」の4つが表示されています。それぞれの意味は次の通りです。

- 縦方向の「0」はクラス0、「1」はクラス1、「accuracy」はクラス0とクラス1を合わせた正解率、「macro avg」はマクロ平均、「weighted avg」は重み付き平均を表す。マクロ平均は、横方向の各指標に対して各クラスの平均により算出される。また、重み付き平均は、各指標に対して、各クラスの指標値に各クラスに所属するデータの件数（＝列「support」）を掛け合わせて足し合わせた後に全データ数で割ることにより算出される。
- 横方向の「precision」は適合率、「recall」は再現率、「f1-score」はF値、「support」はデータの件数を表す。

　従って、例えば縦方向が「1」の結果は、クラス1に対して適合率、再現率、F値がそれぞれ1.00で、データの件数が15であることを表しています。この例は非常に単純なデータを対象としているため、クラス1の適合率、再現率、F値はすべて1.00となりましたが、一般的には異なる値になることに注意してください。

交差検証

　以上で説明した評価を行うにあたり、機械学習では交差検証（クロスバリデーション：cross validation）という方法がよく用いられます。データセットを学習用とテスト用に分割する処理を繰り返し、モデルの構築と評価を複数回行う処理です。交差検証にはいくつかの方法がありますが、ここではよく使用されるk分割交差検証について説明します。例えば、データを10分割した場合、9つの集合を学習データセットに、残りの1つの集合をテストデータセットに使用する処理を10回繰り返します。この処理を10分割交差検証（10-fold cross validation）と呼びます（図4.66）。なお、目的変数(クラスラベル)のクラスの割合が一定となるk分割交差検証は、特に層化k分割交差検証(stratified k-fold cross validation)と呼ばれます。

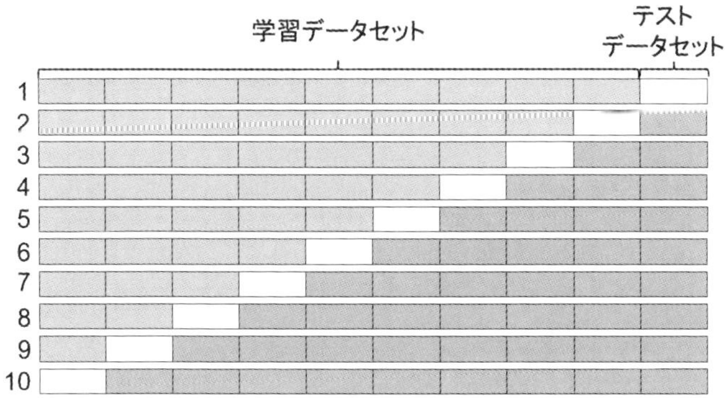

図4.66 10分割交差検証

　scikit-learnで交差検証を実行する簡便な方法は、model_selectionモジュールのcross_val_score関数を使用することです。cross_val_score関数は、層化k分割交差検証を実行します。次の例は、Irisデータセット全体に対して10分割の交差検証を実行しています。cross_val_score関数の引数cvに分割数を、引数scoringに評価指標を指定します。ここでは評価指標として適合率を用いているのでscoring='precision'と指定しています。再現率は'recall'、F値は'f1-score'、正解率は'accuracy'と指定します。

In

```
from sklearn.svm import SVC
from sklearn.model_selection import cross_val_score
# サポートベクタマシンをインスタンス化
svc = SVC()
# 10分割の交差検証を実行
cross_val_score(svc, X, y, cv=10, scoring='precision')
```

Out

```
array([1., 1., 1., 1., 1., 1., 1., 1., 1., 1.])
```

　得られた結果を見ると、要素数が10のNumPy配列が返されていることがわかります。これは、交差検証における10個の評価指標を表しています。この場合は適合率はすべて1となっていることを確認できます。

　交差検証はまた、ハイパーパラメータのチューニングと合わせて使用されることが多くなっています。この話題については、本節内の「4.4.6ハイパーパラメータの最適化」（P.261）を参照してください。

○ 予測確率の正確さ

　データに対する予測確率の正確さを定量化する指標として、ROC曲線（Receiver Operating Characteristic）やそこから算出するAUC（Area Under the Curve）などがあります。これらの指標を用いて、各データが正例に属する確率を算出し、確率の大きい順にデータを並べた時にその順序がどの程度正確であるかを定量化します。確率の順序の正しさとはわかりにくい表現かもしれません。直感的には予測確率の高いデータでは予測対象とする事象が発生しやすく、予測確率の低いデータでは事象が発生しにくくなっている状態に対応します。詳しくは以下で例を用いて説明します。

　ここでは 表4.5 に示すように、25人のユーザ（サンプル）がサービスから退会する確率を予測します。この確率を表では「予測退会確率」と呼んでいます。例えば1番目のユーザは予測退会確率が0.98、すなわち98％の確率で退会と予測されています。表では、予測退会確率の高い順（降順）にユーザを並べています。また、各ユーザは「退会した」、「退会しなかった」の実績がわかっています。全体で11ユーザが退会し、14ユーザが退会しなかったという結果になっています。

表4.5　各ユーザの予測退会確率

	予測退会確率	実績		予測退会確率	実績
1	0.98	退会した	14	0.38	退会しなかった
2	0.95	退会した	15	0.35	退会しなかった
3	0.90	退会しなかった	16	0.31	退会した
4	0.87	退会した	17	0.28	退会した
5	0.85	退会しなかった	18	0.24	退会しなかった
6	0.80	退会しなかった	19	0.22	退会しなかった
7	0.75	退会した	20	0.19	退会した
8	0.71	退会した	21	0.15	退会しなかった
9	0.63	退会した	22	0.12	退会しなかった
10	0.55	退会しなかった	23	0.08	退会した
11	0.51	退会しなかった	24	0.04	退会しなかった
12	0.47	退会した	25	0.01	退会しなかった
13	0.43	退会しなかった			

　ROC曲線の基本的な考え方は、確率の高い順にデータを並べた時に、各データの確率以上のデータはすべて正例であると予測することです。そして、その時

に実際に正例であったデータが全体の正例に占める割合（真陽性率）、実際は負例にもかかわらず正例と予測されたデータが全体の負例に占める割合（偽陽性率）を計算します。データを順々にたどっていき、正例と予測する確率のしきい値を変えていった時に真陽性率と偽陽性率を求め、それぞれ縦軸、横軸にプロットして描かれるのがROC曲線です。しきい値とは、その値を上回ったり下回ったりした時に挙動や状態、判断などが変わる値を指します。以下では、具体例で説明します。

予測退会確率をもとに、1番目までのデータ、2番目までのデータ、3番目までのデータ、…、25番目までのデータと順に見ていき、正例・負例それぞれに対して全体の件数のうちどの程度カバーできたかを見ていきましょう。ここで正例、負例をカバーできた割合が、先ほど説明した真陽性率、偽陽性率に対応します。

- 1番目のユーザは退会しており、正例11ユーザのうち1ユーザをカバーできた。従って、真陽性率＝1/11、偽陽性率＝0/14
- 2番目までのユーザを見ると、正例11ユーザのうち2ユーザをカバーできた。従って、真陽性率＝2/11、偽陽性率＝0/14
- 3番目までのユーザを見ると、正例11ユーザのうち2ユーザをカバーでき、負例14ユーザのうち1ユーザがカバーされた。従って、真陽性率＝2/11、偽陽性率＝1/14

（途中略）

- 24番目までのユーザを見ると、正例11ユーザのうち11ユーザすべてをカバーでき、負例14ユーザのうち13ユーザがカバーされた。従って、真陽性率＝11/11、偽陽性率＝13/14
- 25番目までのユーザを見ると、正例11ユーザのうち11ユーザすべてをカバーでき、負例14ユーザのうち14ユーザすべてがカバーされた。従って、真陽性率＝11/11、偽陽性率＝14/14

各ユーザまでのデータを見た時に、偽陽性率、真陽性率は 表4.6 のようになります。

表4.6 各ユーザにおける偽陽性率と真陽性率

	予測退会確率	実績	偽陽性率	真陽性率
1	0.98	退会した	0/14	1/11
2	0.95	退会した	0/14	2/11
3	0.90	退会しなかった	1/14	2/11
4	0.87	退会した	1/14	3/11

（続き）

	予測退会確率	実績	偽陽性率	真陽性率
5	0.85	退会しなかった	2/14	3/11
6	0.80	退会しなかった	3/14	3/11
7	0.75	退会した	3/14	4/11
8	0.71	退会した	3/14	5/11
9	0.63	退会した	3/14	6/11
10	0.55	退会しなかった	4/14	6/11
11	0.51	退会しなかった	5/14	6/11
12	0.47	退会した	5/14	7/11
13	0.43	退会しなかった	6/14	7/11
14	0.38	退会しなかった	7/14	7/11
15	0.35	退会しなかった	8/14	7/11
16	0.31	退会した	8/14	8/11
17	0.28	退会した	8/14	9/11
18	0.24	退会しなかった	9/14	9/11
19	0.22	退会しなかった	10/14	9/11
20	0.19	退会した	10/14	10/11
21	0.15	退会しなかった	11/14	10/11
22	0.12	退会しなかった	12/14	10/11
23	0.08	退会した	12/14	11/11
24	0.04	退会しなかった	13/14	11/11
25	0.01	退会しなかった	14/14	11/11

　ROC曲線は、横軸に偽陽性率、縦軸に真陽性率をプロットします。このケースでは、次のプログラムによって描画できます。

　まず、偽陽性率と真陽性率を列とするndarrayを作成します。変数名はそれぞれfpr（false positive rate）、tpr（true positive rate）としています。列fprは、**表4.6** の列「偽陽性率」の分子のリストをNumPy配列に変換し、分母の14で割ることにより作成しています。列tprも、**表4.6** の列「真陽性率」に対して同様の処理を行い作成しています。横軸にfpr、縦軸にtprをプロットした折れ線グラフを描画しています（**図4.67**）。

In

```
import numpy as np
import matplotlib.pyplot as plt
# 偽陽性率と真陽性率を算出
fpr = np.array([0, 0, 0, 1, 1, 2, 3, 3, 3, 3, 4, 5, 5, 6,
           7, 8, 8, 9, 10, 10, 11, 12, 12, 13, 14])/14
tpr = np.array([0, 1, 2, 2, 3, 3, 3, 4, 5, 6, 6, 6, 7, 7,
           7, 7, 8, 9, 9, 9, 10, 10, 10, 11, 11, 11])/11
# ROC曲線をプロット
fig, ax = plt.subplots()
ax.step(fpr, tpr)
ax.set_xlabel('false positive rate')
ax.set_ylabel('true positive rate')
plt.show()
```

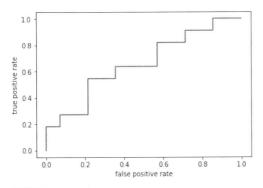

図4.67 ROC曲線

　ROC曲線の下部の図形は、横軸方向を幅、縦軸方向を長さとする長方形の集まりです。例えば一番左側の長方形は幅が1/14、長さが2/11なので、その面積は1/14 × 2/11となります。同様にして、すべての長方形の面積を求めると、AUCは次式により計算されます。

$$\text{AUC} = \frac{1}{14} \times \frac{2}{11} + \frac{2}{14} \times \frac{3}{11} + \frac{2}{14} \times \frac{6}{11} + \frac{3}{14} \times \frac{7}{11} + \frac{2}{14} \times \frac{9}{11} + \frac{2}{14} \times \frac{10}{11} + \frac{2}{14} \times \frac{11}{11} = 0.6558442$$

(4.22)

　AUCの値が1に近付くほど確率が相対的に高いサンプルが正例、相対的に低いサンプルが負例となる傾向が高まります。この時、確率の大きさによって正例と負例を区別できます。このような確率をデータから推定できるモデルはクラスを分類する能力が優れています。AUCを用いることによりモデル間の「良さ」を

比較することが可能になります。

　一方でAUCの値が0.5に近付くほど、確率の大きさによって正例と負例を区別することができず、正例と負例がランダムに混じっていることに対応します。

　ROC曲線のもととなる真陽性率、偽陽性率はmetricsモジュールのroc_curve関数により計算できます。次の例は、先の25ユーザの例で各ユーザが離脱したかどうかを表すラベル、予測退会確率をroc_curve関数に与えて、偽陽性率、真陽性率、しきい値を算出しています。

In

```python
from sklearn.metrics import roc_curve
# 各ユーザが退会したかどうかを表すラベル
labels = np.array([1, 1, 0, 1, 0, 0, 1, 1, 1, 0, 0, 1, ➡
0, 0, 0, 1, 1, 0, 0, 1, 0, 0, 1, 0, 0])
# 各ユーザの予測退会確率
probs = np.array([0.98, 0.95, 0.9, 0.87, 0.85,
                  0.8, 0.75, 0.71, 0.63, 0.55,
                  0.51, 0.47, 0.43, 0.38, 0.35,
                  0.31, 0.28, 0.24, 0.22, 0.19,
                  0.15, 0.12, 0.08, 0.04, 0.01])
# 偽陽性率、真陽性率、しきい値を算出
fpr, tpr, threshold = roc_curve(labels, probs)
print('偽陽性率: ', fpr)
print('真陽性率: ', tpr)
```

Out

```
偽陽性率：  [0.         0.         0.         0.07142857
            0.07142857 0.21428571 0.21428571 0.35714286
            0.35714286 0.57142857 0.57142857 0.71428571
            0.71428571 0.85714286 0.85714286 1.        ]
真陽性率：  [0.         0.09090909 0.18181818 0.18181818
            0.27272727 0.27272727 0.54545455 0.54545455
            0.63636364 0.63636364 0.81818182 0.81818182
            0.90909091 0.90909091 1.         1.        ]
```

　算出された偽陽性率、真陽性率を用いて、先ほどと同様にROC曲線をプロットできます（図4.68）。

In

```
# ROC曲線をプロット
fig, ax = plt.subplots()
ax.step(fpr, tpr)
ax.set_xlabel('false positive rate')
ax.set_ylabel('true positive rate')
plt.show()
```

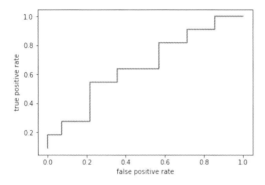

図4.68 ROC曲線

AUCは、metricsモジュールのroc_auc_score関数を用いて計算できます。roc_auc_score関数の1番目の引数にはクラスラベルを、2番目の引数には確率を指定します。

In

```
from sklearn.metrics import roc_auc_score
# AUCを算出
roc_auc_score(labels, probs)
```

Out

```
0.6558441558441558
```

AUCは0.6558...と推定されていることがわかります。

4.4.6 ハイパーパラメータの最適化

機械学習のアルゴリズムにはハイパーパラメータと呼ばれるパラメータがあります。このパラメータは、学習の時に値が決定されず、学習とは別にユーザが値

を指定する必要があります。例えば決定木における木の深さ、ランダムフォレストに含まれる決定木の個数などはハイパーパラメータの例です。

　ハイパーパラメータを最適化する代表的な方法として、グリッドサーチ（grid search）とランダムサーチ（random search）があります。ここでは、グリッドサーチのみを取り上げます。グリッドサーチはハイパーパラメータの候補を指定して、それぞれのハイパーパラメータで学習を行いテストデータセットに対する予測が最も良い値を選択する方法です。特に、グリッドサーチと交差検証を組み合わせる方法は頻繁に使用されます。この方法では、ハイパーパラメータの各候補に対して、学習データセットを学習用と検証用に分割し、学習と評価を行う処理を複数回繰り返します。この後に説明する GridSearchCV クラスもこの処理を提供します。ここでは、決定木の深さの最適値を求めてみましょう。次の例は、Iris データセットを読み込み学習データセットとテストデータセットに分割しています。そしてその後に、決定木のクラスである DecisionTreeClassifier をインスタンス化し、GridSearchCV クラスをインスタンス化して 10 分割の交差検証を行いながら決定木の深さの最適値を求めます。決定木の深さは 3、4、5 のいずれかを選ぶように GridSearchCV の引数 param_grid に引数名と値のリストを対応付ける辞書を指定します。なお、引数 cv に StratifiedKFold クラスや KFold クラスのインスタンスを明示的に指定しなければ、GridSearchCV の実行結果は毎回変わりうることに注意してください。

In

```
from sklearn.datasets import load_iris
from sklearn.model_selection import GridSearchCV, ➡
train_test_split
from sklearn.tree import DecisionTreeClassifier

# Iris データセットをロード
iris = load_iris()
X, y = iris.data, iris.target
# 学習データとテストデータに分割
X_train, X_test, y_train, y_test = train_test_split(
                    X, y, test_size=0.3, random_state=123)
# 決定木をインスタンス化
clf = DecisionTreeClassifier(random_state=123)
param_grid = {'max_depth': [3, 4, 5]}
# 10 分割の交差検証を実行
cv = GridSearchCV(clf, param_grid=param_grid, cv=10)
cv.fit(X_train, y_train)
```

Out

```
GridSearchCV(cv=10, estimator=DecisionTreeClassifier ⮕
(random_state=123),
             param_grid={'max_depth': [3, 4, 5]})
```

推定された最適な決定木の深さは属性best_params_で確認できます。

In

```
# 最適な深さを確認する
cv.best_params_
```

Out

```
{'max_depth': 3}
```

　最適な深さは3と推定されていることがわかりました。なお、先にも説明したように以上の方法では10分割された後のデータが毎回変わるため、「最適な深さ」は実行ごとに変わる可能性があります。
　最適なモデルは属性best_estimator_により確認できます。

In

```
# 最適なモデルを確認する
cv.best_estimator_
```

Out

```
DecisionTreeClassifier(max_depth=3, random_state=123)
```

　推定された最適なモデルを用いて予測するにはpredictメソッドを使います。

In

```
# テストデータのクラスラベルを予測する
y_pred = cv.predict(X_test)
y_pred
```

Out

```
array([1, 2, 2, 1, 0, 1, 1, 0, 0, 1, 2, 0, 1, 2, 2, 2, 0,
       0, 1, 0, 0, 1, 0, 2, 0, 0, 0, 2, 2, 0, 2, 1, 0, 0,
       1, 1, 2, 0, 0, 1, 1, 0, 2, 2, 2])
```

クラスは、1, 2, 2, 1, 0, ... と推定されていることがわかります。

🔵 4.4.7　クラスタリング

　クラスタリングとは、ある基準を設定してデータ間の類似性を計算し、データをクラスタ（グループ）にまとめるタスクです。クラスタリングは、「教師なし学習」の典型的なタスクとしてよく取り上げられます。ここで、「教師なし」とはどのようなクラスタが正解であるかという情報がないということを意味しています。そのため、得られたクラスタの妥当性について絶対的な答えはないので、業務の担当者やデータ分析エンジニアが都度判断する必要があります。

　ここでは、クラスタリングのアルゴリズムとして k-means と階層的クラスタリングの2つについて説明します。

⚪ k-means

　k-means は 図4.69 に示すように、以下の手順に従ってデータをクラスタリングします。

1. 各データにランダムに割り当てたクラスタのラベルを用いて、各クラスタに属するデータの中心をそのクラスタの中心とする（各クラスタの中心をランダムに与える方法もある）
2. 各データに対して最も近いクラスタ中心のクラスタをそのデータの新たなラベルとする。
3. 各クラスタに所属するデータの中心を新たなクラスタ中心とする。

クラスタ中心が収束するまで2.と3.を繰り返します。

①各データにランダムに割り当てたクラスタのラベルを用いて、各クラスタに属するデータの中心をそのクラスタの中心とする（各クラスタの中心をランダムに与える方法もある）

②各データに対して最も近いクラスタ中心のクラスタをそのデータの新たなラベルとする

③各クラスタに所属するデータの中心を新たなクラスタ中心とする

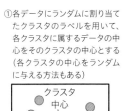
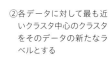
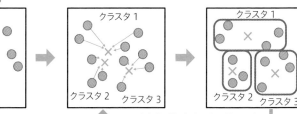

クラスタ中心が収束するまで繰り返す

図4.69 k-meansの手順

　まずは簡単な例として、Iris データセットに対してクラスタリングを行ってみましょう。ここではクラスタリングの結果を2次元上で視覚的にわかりやすく確認できるように、3つの品種のうち2つに限定するために先頭から100行を抽出し、さらに1列目と3列目の2つの変数を抽出してみます。1列目と3列目は、P.227 の Iris データセットの特徴量を説明した 表4.3 に記載されているように、それぞれ Sepal Length(がくの長さ)、Petal Length(花びらの長さ)を表します。

In

```
from sklearn.datasets import load_iris
# Irisデータセットを読み込む
iris = load_iris()
data = iris.data
# 1、3列目を抽出
X = data[:100, [0, 2]]
```

　これらの2つの変数を2次元の散布図としてプロットしてみます（図4.70）。

In

```
import matplotlib.pyplot as plt
# 散布図を描画
fig, ax = plt.subplots()
ax.scatter(X[:, 0], X[:, 1])
ax.set_xlabel('Sepal Width')
ax.set_ylabel('Petal Width')
plt.show()
```

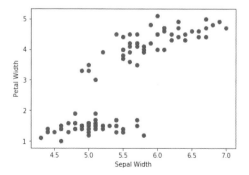

図4.70 Iris データセットの散布図

縦軸のPetal Widthが2以下の領域でデータのクラスタが存在することを確認できます。クラスタリングの結果、この領域がどのように分割されるかを確認することは1つの検証ポイントになりそうです。

　クラスタ数を3としてk-meansを実行してみましょう（**図4.71**）。clusterモジュールのKMeansクラスをインスタンス化し、fit_predictメソッドにデータを与えてクラスタリングを実行します。fit_predictメソッドは、fitメソッドとpredictメソッドを両方実行し、学習と予測を一度にまとめて行います。fit_predictメソッドの返り値は各データのクラスタ番号となります。

In

```
from sklearn.cluster import KMeans
# クラスタ数を3とするKMeansのインスタンスを生成
km = KMeans(n_clusters=3, init='k-means++', n_init=10,
            random_state=123)
# KMeansを実行
y_km = km.fit_predict(X)
```

　KMeansクラスの引数の意味は **表4.7** の通りです。

表4.7 KMeansクラスの引数

引数	説明
n_clusters	クラスタ数
init	初期値の与え方。上記の例ではデフォルトの'k-means++'を指定しており、k-means++法を実行し、初期のクラスタ中心が離れた位置に配置される。'random'を指定すると、初期値を乱数でランダムに生成
n_init	k-meansを実行する回数
max_iter	k-meansで反復する最大回数
tol	k-meansの収束を判定する許容誤差
random_state	乱数のシードを固定するために指定する整数

In

```
import numpy as np
fig, ax = plt.subplots()
# 散布図（クラスタ1）
ax.scatter(X[y_km == 0, 0], X[y_km == 0, 1], s=50,
           edgecolor='black', marker='s', label='cluster 1')
# クラスタ中心（クラスタ1）
```

```
ax.plot(np.mean(X[y_km == 0, 0]),
        np.mean(X[y_km == 0, 1]),
        marker='x', markersize=10, color='red')
# 散布図 (クラス2)
ax.scatter(X[y_km == 1, 0], X[y_km == 1, 1], s=50,
        edgecolor='black', marker='o', label= 'cluster 2')
# クラスタ中心 (クラスタ2)
ax.plot(np.mean(X[y_km == 1, 0]),
        np.mean(X[y_km == 1, 1]),
        marker='x', markersize=10, color='red')

# 散布図 (クラス3)
ax.scatter(X[y_km == 2, 0], X[y_km == 2, 1], s=50,
          edgecolor='black', marker='v', label='cluster 3')
# クラスタ中心 (クラスタ3)
ax.plot(np.mean(X[y_km == 2, 0]),
        np.mean(X[y_km == 2, 1]),
        marker='x', markersize=10, color='red')
ax.set_xlabel('Sepal Width')
ax.set_ylabel('Petal Width')
ax.legend()
plt.show()
```

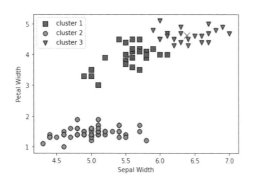

図 4.71 k-meansによるクラスタリングの結果

縦軸のPetal Widthが2以下の領域が1つのクラスタを形成し（cluster 1）、それ以外の領域が2つのクラスタに分かれていることを確認できます。また、各クラスタの中心を×で表示しています。

◉ 階層的クラスタリング

　階層的クラスタリングは、大きく分けて凝集型と分割型に分けられます。凝集型の階層的クラスタリングは、まず似ているデータをまとめて小さなクラスタを作り、次にそのクラスタと似ているデータをさらにまとめ、最終的にデータが1つのクラスタにまとめられるまで処理を繰り返すクラスタリング方法です。これは、「地道にコツコツとデータをまとめていく」アプローチです。一方で、分割型の階層的クラスタリングは、最初にすべてのデータが1つのクラスタに所属していると考え、順次クラスタを分割していくアプローチです。本書では凝集型の階層的クラスタリングについて説明します。

　scikit-learnで凝集型の階層的クラスタリングを実行するにはclusterモジュールのAgglomerativeClusteringクラスを使用します。次の例はデータ間の距離をユークリッド距離、クラスタリング方法として最長距離法を用いて凝集型の階層的クラスタリングを実行しています。最終的にクラスタ数3の場合のクラスタを抽出しています。ユークリッド距離については第3章3.2節内の「3.2.1 ベクトルとその演算」を参照してください（P.061）。また、最長距離法とは2つのクラスタをまとめる時に、各クラスタに属するデータのうち最も遠い距離をクラスタ間の距離とする方法です。

In

```
from sklearn.cluster import AgglomerativeClustering
# 凝集型の階層的クラスタリングのインスタンスを生成
ac = AgglomerativeClustering(n_clusters=3,
                 affinity='euclidean', linkage='complete')
# クラスタリングを実行し、各クラスのクラスタ番号を取得
labels = ac.fit_predict(X)
labels
```

Out

```
array([1, 1, 1, 1, 1, 1, 1, 1, 1, 1, 1, 1, 1, 1, 1, 1, 1,
       1, 1, 1, 1, 1, 1, 1, 1, 1, 1, 1, 1, 1, 1, 1, 1, 1,
       1, 1, 1, 1, 1, 1, 1, 1, 1, 1, 1, 1, 1, 1, 1, 1, 2,
       2, 2, 0, 2, 0, 2, 0, 2, 0, 0, 0, 0, 2, 0, 2, 0, 0,
       2, 0, 2, 0, 2, 2, 2, 2, 2, 2, 2, 0, 0, 0, 0, 2, 0,
       2, 2, 2, 0, 0, 0, 2, 0, 0, 0, 0, 0, 2, 0, 0])
```

　以上のようにして実行した凝集型の階層的クラスタリングの結果を樹形図（デンドログラム）にプロットしてみましょう。樹形図はSciPyライブラリのcluster.hierarchy.dendrogram関数を用いてプロットすることができます（ 図4.72 ）。

In

```
import numpy as np
from scipy.cluster.hierarchy import dendrogram
# 子クラスタとの関係を抽出
children = ac.children_
# クラスタ間の距離を抽出
distance = np.arange(children.shape[0])
# 各データの観測番号
no_of_observations = np.arange(2, children.shape[0]+2)
# 子クラスタ、クラスタ間の距離、観測番号を列方向に結合
linkage_matrix  = np.hstack((children,
        distance.reshape(-1, 1),
        no_of_observations.reshape(-1, 1))).astype(float)
# 樹形図をプロット
fig, ax = plt.subplots(figsize=(15, 3), dpi=300)
dendrogram(linkage_matrix, labels=np.arange(100),
           leaf_font_size=8, color_threshold=np.inf)
plt.show()
```

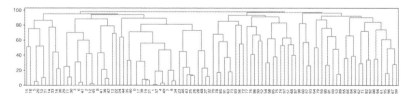

図4.72 階層的クラスタリングの樹形図

プロットされた樹形図は全体を表示すると文字が見えづらくなるので一部を拡大しています。この樹形図は、縦軸が小さい値で結ばれているクラスタは比較的早く結合し、大きな値の場合は比較的後に併合されていることを表しています。例えば、左端から3、4番目にあるインデックスが5、20のデータは比較的早く併合し、その後インデックスが10と31のデータが併合したクラスタと縦軸の値が50付近で結合していることが読み取れます。

　以上、scikit-learnを用いた機械学習の基礎について説明してきました。scikit-learnはバージョンによってクラスや関数のモジュールが変更されることが比較的多いライブラリです。そのため、最新の安定版のAPIについて以下の公式サイトを確認してください。

● API Reference

URL　http://scikit-learn.org/stable/modules/classes.html

MEMO

近ごろの機械学習ライブラリ

近年では、機械学習を扱えるプログラミング言語といえばPythonが一番に挙げられるほど、Pythonは注目を集めています。それとともに、深層学習を実行するライブラリや機械学習の実行を容易にするライブラリも、精力的に開発が進められています。ここでは、これらの主要なライブラリについて紹介します。

● **深層学習ライブラリ**

深層学習のライブラリとして、PyTorch、Tensorflow、そしてTensorflowのラッパであるKerasなどが知られています。これらのライブラリはコミュニティが活発なので、アカデミックでの研究やビジネスでの応用で深層学習が発展するにつれて、とても洗練されてきています。また、ネット上で多くの情報を入手することが可能です

- ● PyTorch (https://pytorch.org/)
  PyTorchは、Meta（旧Facebook）の人工知能研究所であるFAIR (Facebook Artificail Intelligence Research) により開発されたフレームワークです。PyTorchは、「テンソル」と呼ばれる高次元配列のデータ構造を用いて「計算グラフ」を構築します。PyTorchのテンソルはNumPy配列と似たような操作が可能であり、NumPyに慣れたユーザであれば比較的短期間で習得可能です。また計算グラフの構築には、「define by run」と呼ばれ、データを入力した時にニューラルネットワークを構築する方式をとっているためデバッグがしやすいです。また、再帰型ニューラルネットワーク (recurrent neural network, RNN) などを直感的に記述できるメリットもあります。Uberの確率的プログラミングフレームワークであるPyro (https://pyro.ai/)、HuggingFaceの画像、自然言語処理、音声等の深層学習モデルへのインタフェースを提供するTransformers (https://huggingface.co/docs/transformers) などの多くのライブラリが、PyTorchを用いて開発されています。
- ● Tensorflow (https://www.tensorflow.org/?hl=ja)
  Tensorflowは、Googleにより開発されたフレームワークです。Tensorflowでも、テンソルをデータ構造として計算グラフを構築します。Tensorflow ver.1では、「define and run」と呼ばれ、データを入力して計算する前にニューラルネットワークを構築する方式をとっていました。しかし、Tensorflow ver.2からは「Eager Execution」と呼ばれ、PyTorchと同じ「define by run」方式をとっています。
- ● Keras (https://keras.io/ja/)
  Kerasは、TensorflowのラッパであるPythonのライブラリです。ニューラルネットワークの定義を直感的に記述できるため、特に深層学習やそのPython実行の入門としておすすめのライブラリです。Kerasは前述のようにTensorflowのラッパであるため、一般的にPyTorchやTensorflowと比べて実行速度が遅いという問題点がありますが、そこまで実行性能が必要とされない用途では十分に実用的と言えるでしょう。

どのライブラリを使うかは、職場の環境や好みなどに合わせるのがよいでしょう。また一般的には、PyTorchはアカデミックな研究で、TensorflowやKerasはビジネスで多く使われると言われる場合もあります。最先端の論文における実装は、GitHubなどでPyTorchの実装で提供されることが多くあるため、こうした情報が必要な場合は、PyTorchを選択するのもよいでしょう。また、ライブラリ選びに迷ったら、まずは直感的な記述が可能なKerasで慣れながら、その後必要に応じて、PyTorchかTensorflowに進むのも1つの手です。

● **便利な機械学習ライブラリ**

本書では主にscikit-learnを用いた機械学習やデータサイエンスについて説明しました。一方で、他にも便利なライブラリが登場しているので、簡単に説明します。

- ● PyCaret (https://pycaret.org/)
  本書では、「4.4.1 前処理」、「4.4.5 モデルの評価」、「4.4.6 ハイパーパラメータの最適化」でそれぞれデータの前処理、学習したモデルをテストデータで評価する方法や評価指標の考え方、そして学習時におけるハイパーパラメータのチューニング方法について説明しています。PyCaretは、これらのデータパイプラインを自動化して、分類や回帰について、例えば決定木やサポートベクタマシン、ランダムフォレストなどの複数のアルゴリズムを使用し、それぞれのアルゴリズムの複数のハイパーパラメータに対してモデルの評価指標を算出した上で最も良好なモデルを選択する機能を提供しています。PyCaretを用いることにより、モデル構築の手間が大幅に削減されます。PyCaretは、近年、注目を集めている「AutoML」（機械学習の自動化）を行うライブラリの1つと考えられるでしょう。

- ● mlxtend (http://rasbt.github.io/mlxtend/)
  mlxtendは、『Python機械学習プログラミング 達人データサイエンティストによる理論と実践』（インプレス）の著者である、Sebastian Raschka氏により開発されており、データ解析や機械学習の実行をサポートするライブラリです。例えば、学習済みの分類モデルの決定境界（特徴量の空間で、各クラスの境界線や領域）、学習曲線（学習データのサイズに応じた学習データとテストデータの精度を表す曲線）などを1つの関数で簡単にプロットでき、学習済みのモデルの特性を理解するための手間を削減できます。また、「スタッキング」と呼ばれ、複数のモデルを組み合わせる方法を簡単に実行するためのクラスも提供しています。mlxtendの使い方については、前述の『Python機械学習プログラミング』に見ることができます。

ここでは、個々の機械学習アルゴリズムよりも、機械学習を用いたデータ解析のプロセスで便利なライブラリを紹介しました。個々のアルゴリズムについては、近年、分類や回帰で多用されるXGBoost (https://xgboost.readthedocs.io/)、LightGBM (https://lightgbm.readthedocs.io/)、CatBoost (https://catboost.ai/) などのライブラリを確認するのもよいでしょう。

CHAPTER
5

応用:
データ収集と加工

これまでの章ではPythonの分析ツールや分析に必要な数学の基礎について学んできました。しかし、実際のデータ分析ではこれらに加えて、データを収集したり、自然言語や画像等のデータを分析可能な形式に変換したりすることも重要になります。そこで本章では、Webページから情報を収集しデータを作成するスクレイピング、自然言語や画像データを処理し機械学習のアルゴリズムを適用できる形式に変換する処理の導入的な解説を行います。

5.1 スクレイピング

インターネット上には大量の情報があり、データ分析の題材を見つけるにはうってつけです。しかし、HTMLはWebブラウザのためのフォーマットであり、データ分析用のツールではそのままでは利用できません。この節では、Webページからデータを収集するスクレイピングについて解説します。スクレイピングを行うPythonのプログラムを作成し、Webページからデータを取得する方法を理解しましょう。

5.1.1 スクレイピングとは

スクレイピングとはインターネット上のWebページから情報を取得することを指します。インターネット上のさまざまな情報は人が読むことを想定して作られており、プログラムから読むことを想定していません。Webページの内容の多くはHTMLで記述されていますが、文字の大きさや色、レイアウトなどを示すHTMLタグと内容を示すテキストが入り混じって複雑な構造になっています。そのため、HTML中のデータ部分のみをプログラムに組み込むことは簡単ではありません。

Webページの内容をプログラムで使用するために、必要とする要素のみを抜き出すことをスクレイピングといいます。スクレイピングはデータ収集の手段の1つとして活用されています。

5.1.2 スクレイピング環境の準備

スクレイピングを行うための準備をします。pydataenv仮想環境に2つのサードパーティ製パッケージをインストールします。

```
(pydataenv) % pip install requests==2.28.1
(pydataenv) % pip install beautifulsoup4==4.11.1
```

インストールしたパッケージについて説明します。

● Requests

Requestsは、Webブラウザの代わりにWebサイトにアクセスし、HTTPでデータの送受信を行います。

◉ Beautiful Soup 4

Beautiful Soup 4は、HTMLやXMLを解析しデータを取り出すためのライブラリです。間違えて「pip install beautifulsoup」と指定すると、古いバージョンがインストールされるので注意してください。

🔵 5.1.3　Webページをダウンロード

まずはRequestsを使用して、Webページの情報を取得します。ここでは例として、翔泳社の書籍などを販売する「SEshop.com」の情報を取得します（ 図5.1 ）。

図5.1 SEshop.comのトップページ

requestsをインポートし、get関数にURLを指定すると、そのURLの情報を格納したResponseオブジェクトを生成して返します。

In

```python
import requests

r = requests.get('https://www.seshop.com/')  # URLにアクセス
print(type(r))
print(r.status_code)  # ステータスコードを確認
```

結果は以下のようになり、アクセスに成功（200）していることがわかります。

```
<class 'requests.models.Response'>
200
```

ページの内容（HTML）を取得し、<title>タグと<h2>タグの要素を取得します。

```
text = r.text  # HTMLのソースコードを取得する
for line in text.split('\n'):
    if '<title>' in line or '<h2>' in line:
        print(line.strip())
```

結果は以下の通りで、正しくHTMLの中身を取得できていることが確認できます。なお、ページの内容（HTML）を取得するタイミングによって結果が変わる場合があります。

```
<title>SEshop｜ 翔泳社の本・電子書籍通販サイト</title>
<h2>新刊書籍 <span class="pull-right links"><a href="/ ➡
product/1/"><span class="glyphicon glyphicon-chevron- ➡
right"></span> 一覧を見る</a></span></h2>
(省略)
<h2>新着記事</h2>
```

5.1.4　Webページから要素を抜き出す

先ほどの例ではin演算子による文字列処理でHTMLから目的の要素を取り出しています。他に正規表現を使う方法も考えられますが、いずれにしても複雑なHTMLから任意の要素を抜き出すのは困難です。そこで、HTMLを構文解析して要素を探しやすくします。

Beautiful Soup 4を使うとHTMLを構文解析して任意の要素（タグなど）を取り出すことができます。次のコードでは先ほどのHTMLから<title>タグなどの要素を取得しています。

In

```
from bs4 import BeautifulSoup

# HTMLを解析したBeautifulSoupオブジェクトを生成
soup = BeautifulSoup(text, 'html.parser')
print(soup.title)  # <title> タグの情報を取得
print(soup.h2)  # <h2> タグの情報を取得
# h2タグの中のaタグのhref属性
print(soup.h2.a["href"])
```

Out

```
<title>SEshop｜ 翔泳社の本・電子書籍通販サイト</title>
<h2>新刊書籍 <span class="pull-right links"><a href="/ ⇒
product/1/"><span class="glyphicon glyphicon-chevron- ⇒
right"></span> 一覧を見る</a></span></h2>
/product/1/
```

　BeautifulSoupオブジェクトのfind_allメソッドを使用すると、引数で指定した
タグをHTMLからすべて取り出すことができます。次のコードは先ほどのページ
の全<a>タグを取得し、件数を表示しています。その後、先頭5件の文字列とhref
属性の中身を取得しています（実行結果はHTMLの構成に応じて変化します）。

In

```
atags = soup.find_all('a')  # すべてのaタグを取得
print('aタグの数:', len(atags))  # aタグの数を取得
for atag in atags[:5]:
    print('タイトル:', atag.text)  # aタグのテキストを取得
    print('リンク:', atag['href'])  # aタグのリンクを取得
```

Out

```
aタグの数： 259
タイトル：
リンク： /
タイトル： 会員登録
リンク： https://www.seshop.com/regist/
タイトル： ログイン
リンク： #modalLogin
タイトル： ヘルプ
```

```
リンク: /help
タイトル: 会員登録
リンク: https://www.seshop.com/regist
```

5.1.5　書籍の一覧を抜き出す

　RequestsとBeautiful Soup 4の基本的な使い方がわかったところで、スクレイピングによるデータ収集を行ってみましょう。SEshopには、ジャンルごとの書籍を一覧表示するページがあります。ここではPythonの書籍一覧ページから、各書籍のタイトルや価格などを取得するコードを題材にします。

● **Pythonの書籍一覧**

URL　https://www.seshop.com/product/616

　Pythonの書籍一覧は 図5.2 のような表示となっています。このページから以下の情報を抜き出していきます。

- ●タイトル: 書籍のタイトル
- ●画像URL: 書影画像のURL
- ●URL: 書籍の詳細ページのURL
- ●価格: 販売価格
- ●日付: 発売日

図5.2　Pythonの書籍一覧ページ

　プログラムを書き始める前に、HTMLの構造を確認します。書籍一覧のHTMLは以下のようになっています。

```
<section>
  <div class="row list"><div class="col-md-4  col-sm-6">
```

```
        <div class="inner">
          <a href="/product/detail/25331">
          <figure class="ribbon-corner">
          <img class="img-responsive" src="/static/ ➡
images/product/25331/L.png" alt="Pythonによるあたらしい ➡
データ分析の教科書　第2版 ">
          <span class="release">予定</span>
          </figure>
          </a>
          <div class="txt">
            <p><a href="/product/detail/25331">Pythonに ➡
よるあたらしいデータ分析の教科書　第2版 </a></p>
          <p class="price">販売価格：2,838円（税込）</p>
          <span class="date">2022.10.24発売</span>
          </div>
          <div class="product-data" data-title="Pythonに ➡
よるあたらしいデータ分析の教科書　第2版 " data-products-id= ➡
"176610" data-price="2838" data-category="書籍/ ➡
コンピュータ書/プログラミング/Python" data-list="Python一覧" ➡
data-position="1" style="display:none;width:0;height: ➡
0;"></div>
        </div>
      </div>
        <div class="col-md-4　col-sm-6">
        <div class="inner">
          <a href="/product/detail/25063">
          <figure class="ribbon-corner">
          <img class="img-responsive" src="/static/ ➡
images/product/25063/L.png" alt="PyTorchで作る！深層学習 ➡
モデル・AI アプリ開発入門">
          <span class="release">予定</span>
          </figure>
          </a>
          <div class="txt">
            <p><a href="/product/detail/25063">PyTorchで ➡
作る！深層学習モデル・AI アプリ開発入門</a></p>
          <p class="price">販売価格：3,520円（税込）</p>
          <span class="date">2022.09.05発売</span>
          </div>
          <div class="product-data" data-title="PyTorchで ➡
作る！深層学習モデル・AI アプリ開発入門" data-products-id="173390"
```

```
data-price="3520" data-category="書籍/コンピュータ書/ ➡
人工知能・数学" data-list="Python一覧" data-position="2" ➡
style="display:none;width:0;height:0;"></div>
        </div>
      </div>
（省略）
    </div>
</section>
```

このHTMLの構造は、以下のようになっていると読み取れます。

- 書籍一覧が <div class="row list"> の中にある
- <div class="inner">～</div> が1冊の書籍を表す
- <img> タグの src 属性に画像URLがある
- <div class="txt">～</div> の中に書籍のテキスト情報がある
- <a> タグの中に書籍のタイトルとURLがある
- <p class="price">～</p> の中に販売価格がある
- <span class="date">～</span> の中に発売日がある

これらの情報をもとにデータを抜き出して、booksというリストに各書籍の情報を辞書形式で格納します。

BeautifulSoupオブジェクトのselectメソッドを使用すると、タグをCSSセレクターで指定できます。次のコードではすべての書籍の <div class="inner"> タグを取得するために select メソッドを使用しています。

In

```python
from datetime import datetime

import requests
from bs4 import BeautifulSoup

r = requests.get("https://www.seshop.com/product/616")
soup = BeautifulSoup(r.text, "html.parser")

books = []    # 各書籍の情報を格納するリスト

# CSSセレクターで <div class="list">の中の<div class= ➡
"inner"> を取得
divs = soup.select("div.list div.inner")
for div in divs:
```

```
    img_url = div.find("img")["src"]
    # 日付の文字列を取得
    day = div.find("span", class ="date").text.strip()
    day = day.replace("発売", "")
    # 日付をdatetimeに変換
    published = datetime.strptime(day, "%Y.%m.%d")

    div_txt = div.find("div", class_="txt")
    a_tag = div_txt.find("a")  # aタグを取得
    title = a_tag.text.strip()  # 書籍タイトルを取得
    url = a_tag["href"]  # 書籍URLを取得

    # 販売価格を取得
    price_s = div_txt.find("p", class_="price").text
    price_s = price_s.strip()
    price_s = price_s.replace("販売価格:", "")
    price_s = price_s.replace("円（税込）", "")
    price_s = price_s.replace(",", "")
    price = int(price_s)

    book = {
        "title": title,
        "img_url": img_url,
        "url": url,
        "price": price,
        "published": published,
    }
    books.append(book)
```

　先頭の3冊を参照してみます。Webページの内容が正しくスクレイピングできて、リストにデータが格納できていることがわかります。

In

```
books[:3]
```

Out

```
[{'title': 'Pythonによるあたらしいデータ分析の教科書　第2版',
  'img_url': '/static/images/product/25331/L.png',
  'url': '/product/detail/25331',
```

```
 'price': 2838,
 'published': datetime.datetime(2022, 10, 24, 0, 0)},
{'title': 'PyTorchで作る！深層学習モデル・AI アプリ開発入門',
 'img_url': '/static/images/product/25063/L.png',
 'url': '/product/detail/25063',
 'price': 3520,
 'published': datetime.datetime(2022, 9, 5, 0, 0)},
{'title': 'テスト駆動Python 第2版',
 'img_url': '/static/images/product/25262/L.png',
 'url': '/product/detail/25262',
 'price': 3300,
 'published': datetime.datetime(2022, 8, 30, 0, 0)}]
```

　後は、書籍一覧のデータをDataFrameに入れるなどして、分析用のデータとして使用します。以下のように書くとbooksをDataFrameに変換できます。

In

```
import pandas as pd

df = pd.DataFrame(books)  # 辞書をDataFrameに変換
df.head()
```

Out

	title	img_url	url	price	published
0	Pythonによるあたらしいデータ分析の教科書 第2版	/static /images /product /25331 /L.png	/product /detail /25331	2838	2022- 10-24
1	PyTorchで作る！深層学習モデル・AI アプリ開発入門	/static /images /product /25063 /L.png	/product /detail /25063	3520	2022- 09-05
2	テスト駆動Python 第2版	/static /images /product /25262 /L.png	/product /detail /25262	3300	2022- 08-30

| 3 | Python1年生 第2版 体験してわかる！会話でまなべる！プログラミングのしくみ | /static /images /product /25005 /L.png | /product /detail /25005 | 2178 | 2022- 08-04 |
| 4 | Pythonで動かして学ぶ！あたらしい機械学習の教科書 第3版 | /static /images /product /25020 /L.png | /product /detail /25020 | 2970 | 2022- 07-19 |

　ここでは1ページ目にある書籍の情報のみを取得していますが、このプログラムを改良して、以下のようなスクレイピングのプログラムを作成することもできます。

- 1つのページには21冊のみが表示されるので、次のページを取得して全書籍情報を取得する
- 各書籍のリンク先にアクセスし、それぞれの書籍の詳細情報を取得する（著者、ISBN、判型、ページ数など）
- 書籍の画像ファイルをダウンロードする

5.1.6　スクレイピングで気を付けること

　ここまでPythonでWebスクレイピングを行う方法について解説しました。実際にWebスクレイピングを行う際は気を付けるべき点がいくつかあります。

　1つ目はWebサイトがプログラムでのアクセスを許可しているかどうかを確認することです。Webサイトにはrobots.txtというファイルが提供されており、どのURLにプログラムからアクセスしてよいかを定義してあります。

　robots.txtの詳細については、Google検索セントラルの「robots.txtの概要」などのページを参照してください。

● robots.txt の概要
URL　https://developers.google.com/search/docs/advanced/robots/intro

　2つ目は同じWebサイトに連続してアクセスしないということです。プログラムから同じWebサイトの記事を連続して取得しようとすると、Webサイトに大量のアクセスを発生させて、Webサーバの負荷が高くなることがあります。場合によってはWebサイトが落ちてしまう、他の人がアクセスできなくなると

いうこともあります。連続して同じWebサイトにアクセスする場合は数秒のインターバルをあけて、アクセスするようにしてください。

⬢ 5.1.7 次のステップ

より便利にWebスクレイピングするために、役立つ情報をいくつか紹介します。

◉ JavaScript対応

ここまで紹介したRequestsとBeautiful Soup 4の組み合わせでは、JavaScriptで表示されているコンテンツの取得はできません。例えばGoogleの検索ページなどは、検索した結果の一覧をJavaScriptで表示しているため、Requestsで取得したHTMLには検索結果は含まれていません。

JavaScriptで表示しているコンテンツを取得するには、Webブラウザなどで JavaScriptを解釈する必要があります。

このような用途では、以下のようなツールが必要となります。

- Selenium
  Webブラウザを自動で操作するライブラリ
- ヘッドレスブラウザ
  画面表示を行わないWebブラウザ、Seleniumから操作する

● Selenium
URL https://www.seleniumhq.org/

◉ スクレイピングフレームワーク : Scrapy

大量のページをスクレイピングしたいといった用途には、Scrapyという Webスクレイピングフレームワークを使用すると便利です。

● Scrapy
URL https://scrapy.org/

ScrapyはPythonで書かれており、複数ページにアクセスするクローリング機能と、Webページから情報を抜き出すスクレイピング機能を提供します。

また「5.1.6 スクレイピングで気を付けること」で説明した、robots.txtや Webサイトへのアクセス間隔の設定などにも対応しています。

5.2 自然言語処理

文書からの単語の抽出、文書が扱っているトピックの推定など、自然言語の解析に機械学習が使われる例は多くあります。この節では、最終的に文書が肯定的か否定的かの判定を目的とした極性判定（ネガポジ判定）をゴールとして、形態素解析（文書を意味を持つ最小単位である形態素に分割する方法）や形態素解析の結果からBag of Wordsの集計やTF-IDFなどの特徴量算出を行う方法について、初歩的な解説を行います。

5.2.1 必要なライブラリのインストール

Pythonで自然言語処理を実行するライブラリの例として、以下のものがあります。

- mecab-python3 (https://pypi.org/project/mecab-python3/)
  MeCab（http://taku910.github.io/mecab/）は、京都大学大学院情報学研究科とNTTコミュニケーション科学研究所の共同ユニットプロジェクトで開発されたオープンソースの形態素解析エンジンです。そしてmecab-pyhton3は、MeCabのPythonラッパーのライブラリです。

- Janome（http://mocobeta.github.io/janome/）
  JanomeはPythonで書かれた辞書を内包する形態素解析エンジンです。依存するライブラリがなく、簡単にインストールできます。

- SudachiPy（https://github.com/WorksApplications/SudachiPy）
  SudachiPyは、株式会社ワークスアプリケーションズ ワークス徳島NLP研究所によって開発されている形態素解析ライブラリです。継続的な辞書の更新、入力文に対する複数の分割単位の提供、単語表記の正規化などの特徴があります。

- Gensim（https://radimrehurek.com/gensim/）
  Gensimは文書のトピックモデル（文書が扱うトピックを推定するモデル）を実行するライブラリです。Word2Vecなどの手法も提供しています。Word2Vecは、深層学習を用いて単語を分散表現と呼ばれるベクトルで表現します。ベクトル表現することにより、単語の意味の近さを計算したり、関係性の足し算や引き算などが可能になります。

- NLTK（https://www.nltk.org/）

NLTKは自然言語処理全般をサポートするライブラリです。英語で形態素解析処理を行う場合は、このライブラリが利用されます。

● spaCy (https://spacy.io/)

spaCyは、PythonやCythonで実装されたライブラリです。多くの言語に対応し、高度な自然言語処理タスクをサポートしています。

● GiNZA（https://megagonlabs.github.io/ginza/）

GiNZAは、spaCyをベースとした日本語向けの自然言語処理ライブラリです。国立国語研究所と株式会社リクルートの共同研究により開発されています。形態素解析、固有表現抽出、品詞タグ付け、構文解析等のタスクをサポートしています。

以上の他にもTransformers（https://huggingface.co/docs/transformers/main/en/index）やAllenNLP（https://allenai.org/allennlp）など、最先端の深層学習モデルを利用可能なライブラリも開発されています。

ここではmecab-python3とgensimをインストールします。

mecab-python3のインストールの前に、MeCabをインストールする必要があります。なお、WindowsでMeCabをインストールすると、MeCabの実行ファイルへのパスの環境変数が設定されない場合があります。その場合は、手動で設定してください。また、Windowsの場合、MeCabのインストール時に辞書のエンコードを指定する必要があります。JupyterLabでの文字化けを防ぐために、「UTF-8」を指定してください。MeCabの公式ページにUNIXとWindowsでのMeCabのインストール方法が説明されています。ここでは、macOSでのインストール方法について説明します。

● **MeCab 公式ページ**

URL http://taku910.github.io/mecab/#install

ターミナル上でbrewコマンドを実行してmecab-ipadicをインストールします。MeCabの辞書であるmecab-ipadicをインストールすることで、依存関係にあるMeCabの本体mecabも同時にインストールされます。

macOSでのインストールにはmacOSのパッケージマネージャーであるHomebrewをインストールするのが便利です。ターミナル上で次のコマンドを実行することによりHomebrewをインストールできます。

● **Homebrew**

URL https://brew.sh/

```
% /bin/bash -c "$(curl -fsSL https://raw. ➡
githubusercontent.com/Homebrew/install/HEAD/install.sh)"
```

　なお、Homebrewのインストール時に以下のメッセージが表示される場合は、メッセージの内容にしたがって、2つのコマンドを実行してください。

```
==> Next steps:
- Run these two commands in your terminal to add ➡
Homebrew to your PATH:
    echo 'eval "$(/opt/homebrew/bin/brew shellenv)"' >> ➡
/Users/libro/.zprofile
    eval "$(/opt/homebrew/bin/brew shellenv)"
- Run brew help to get started
- Further documentation:
    https://docs.brew.sh
```

　mecab-ipadicのインストールは、brewコマンドにより実行できます。

```
% brew install mecab-ipadic
```

　またPythonからMeCabを使用するには、mecab-python3ライブラリをインストールする必要があります。このライブラリはpipコマンドによりインストールできます。以下のコマンドを、仮想環境上で実行します。

```
(pydataenv) % pip install mecab-python3
```

　gensimもpipコマンドによりインストールできます。

```
(pydataenv) % pip install gensim
```

5.2.2　形態素解析

　MeCabを用いて形態素解析を行う方法を説明します。ターミナルでのmecabコマンドの実行と、mecab-python3ライブラリを用いた実行の2つの方法があります。

● mecabコマンド

　ターミナルでmecabコマンドを実行して、その後に適当な文を入力します。

ここでは「吾輩は猫である」と入力してみましょう。

```
% mecab
吾輩は猫である
吾輩      名詞,代名詞,一般,*,*,*,吾輩,ワガハイ,ワガハイ
は        助詞,係助詞,*,*,*,*,は,ハ,ワ
猫        名詞,一般,*,*,*,*,猫,ネコ,ネコ
で        助動詞,*,*,*,特殊・ダ,連用形,だ,デ,デ
ある      助動詞,*,*,*,五段・ラ行アル,基本形,ある,アル,アル
EOS
```

　上記は、入力した文章に対する形態素解析の実行結果です。なお、Windowsの場合はUTF-8の辞書をインストールする関係上文字化けする場合があります。

　文に含まれる形態素が1行ずつ、品詞や活用などの情報とともにカンマ区切りで表示されていることがわかります。各行の最後から3番目の要素には、標準化（単語を見出し語化して、基本形に変換する処理）した形態素（＝原形）が表示されています。

　この出力形式は以下の通りです。

表層形　　品詞,品詞細分類1,品詞細分類2,品詞細分類3,活用型,活用形,　➡
原形,読み,発音

　MeCabを終了するには、[control]＋[C]キーを押してください。

◉ mecab-python3ライブラリ

　続いて、mecab-python3ライブラリを用いてPythonで形態素解析を実行します。Taggerクラスをインスタンス化し、parseメソッドに文を文字列で指定します。なお、Taggerクラスをインスタンス化する時に引数に'-Ochasen'を指定しています。これにより、ChaSenと呼ばれるツールを用いた形態素解析の出力形式で実行されます。なお、これ以降は、再びJupyterLabで実行していきます。

In

```
import MeCab
text = '吾輩は猫である'
# 形態素解析の結果をChasenの出力形式で表示
t = MeCab.Tagger('-Ochasen')
result = t.parse(text)
print(result)
```

Out

吾輩	ワガハイ	吾輩	名詞－代名詞－一般		
は	ハ	は	助詞－係助詞		
猫	ネコ	猫	名詞－一般		
で	デ	だ	助動詞	特殊・ダ	連用形
ある	アル	ある	助動詞	五段・ラ行アル	基本形
EOS					

変数resultには、形態素解析の実行結果が文字列として格納されています。

In

```
# 形態素解析の結果を確認
result
```

Out

```
'吾輩\tワガハイ\t吾輩\t名詞－代名詞－一般\t\t\nは\tハ\tは\t助詞 ➡
－係助詞\t\t\n猫\tネコ\t猫\t名詞－一般\t\t\nで\tデ\tだ\ ➡
t助動詞\t特殊・ダ\t連用形\nある\tアル\tある\t助動詞\t五段・ ➡
ラ行アル\t基本形\nEOS\n'
```

次項でも取り上げるように、形態素解析の結果から表層系や原形などを抽出する処理は頻繁に行われます。そのためには、上記の結果を行ごとにタブで区切られた要素に分割する必要があります。まず改行コード（'\n'）を区切りとして行ごとに分割し、次にタブ（'\t'）を区切りとして各要素に分割します。なお、各行に分割した後、最後の行は対象外としています。この理由は、最後の行は、EOSとなっており、要素に分割する必要がないためです。

In

```
# 形態素解析の結果を、改行を区切りとして行ごとに分割
results = result.splitlines()
# EOSの行は対象外とする
for res in results[:-1]:
    # タブを区切りとして各要素に分割
    res_split = res.split('\t')
    print(res_split)
```

```
['吾輩', 'ワガハイ', '吾輩', '名詞-代名詞-一般', '', '']
['は', 'ハ', 'は', '助詞-係助詞', '', '']
['猫', 'ネコ', '猫', '名詞-一般', '', '']
['で', 'デ', 'だ', '助動詞', '特殊・ダ', '連用形']
['ある', 'アル', 'ある', '助動詞', '五段・ラ行アル', '基本形']
```

5.2.3 Bag of Words（BoW）

　Bag of Words（BoW）は、各文書の形態素解析の結果をもとに、単語ごとに出現回数をカウントしたものです。なお、厳密には、形態素は単語より小さな概念ですが、本節では単語として扱います。

　次の例は、以下3つの文書に対してMeCabを用いて形態素解析を行っています。

　・子供が走る

　・車が走る

　・子供の脇を車が走る

In

```
import MeCab

documents = ['子供が走る', '車が走る', '子供の脇を車が走る']

words_list = []

# 形態素解析の結果をChasenの出力形式で表示
t = MeCab.Tagger('-Ochasen')
# 各文に形態素解析を実行
for s in documents:
    s_parsed = t.parse(s)
    words_s = []
    # 各文の形態素をリストにまとめる
    for line in s_parsed.splitlines()[:-1]:
        words_s.append(line.split('\t')[0])
    words_list.append(words_s)

print(words_list)
```

Out

```
[['子供', 'が', '走る'], ['車', 'が', '走る'],  ⇒
['子供', 'の', '脇', 'を', '車', 'が', '走る']]
```

　BoW を計算する時は、行が文、列が単語の行列に各文の単語の出現回数を格納します。そのため、それぞれの単語が対応する列を関連づける必要があります。そのために、単語と1対1で対応する整数を保持する辞書を作成します。

In

```python
# 生成する辞書
word2int = {}
i = 0
# 各文書の単語のリストに対して処理を反復
for words in words_list:
    # 文書内の各単語に対して処理を反復
    for word in words:
        # 単語が辞書に含まれていなければ追加して対応する整数を割り当てる
        if word not in word2int:
            word2int[word] = i
            i += 1
print(word2int)
```

Out

```
{'子供': 0, 'が': 1, '走る': 2, '車': 3, 'の': 4,  ⇒
'脇': 5, 'を': 6}
```

　以上の結果、例えば以下のように対応付けられました。
- '子供'は整数0に対応
- 'が'は整数1に対応
- '走る'は整数2に対応

　この結果に対して、BoW を計算し文書×単語の行列を生成します。

In

```python
import numpy as np
# BoWを計算し、文書×単語の行列を生成
bow = np.zeros((len(words_list), len(word2int)),
                dtype=int)
# 各行の単語を抽出し単語の出現回数をカウント
```

```
for i, words in enumerate(words_list):
    for word in words:
        bow[i, word2int[word]] += 1
print(bow)
```

```
[[1 1 1 0 0 0 0]
 [0 1 1 1 0 0 0]
 [1 1 1 1 1 1 1]]
```

　得られた行列は、3つの文書中で7個の単語が出現した回数を表しています。列名がないとどの単語に対応するか把握しづらいかもしれません。pandasのデータフレームに変換して単語の列名を付与するとわかりやすくなります。

```
import pandas as pd
pd.DataFrame(bow, columns=list(word2int))
```

	子供	が	走る	車	の	脇	を
0	1	1	1	0	0	0	0
1	0	1	1	1	0	0	0
2	1	1	1	1	1	1	1

○ gensimライブラリを用いた計算

　ここまではMeCabによる形態素解析の結果から、各文書に現れる単語をカウントしていました。gensimライブラリを用いてBag of Wordsの計算を行う方法もありますので、ここで紹介します。

　まずはgensimライブラリを用いて辞書を作成します。辞書の作成は、corporaモジュールのDictionaryクラスをインスタンス化することで行えます。インスタンス化する際、上記で作成した変数words_listを引数に指定します。

```
from gensim import corpora
# 辞書を作成する
```

```
word2int_gs = corpora.Dictionary(words_list)
print(word2int_gs)
```

Out

```
Dictionary<7 unique tokens: ['が', '子供', '走る',  ⇒
'車', 'の']...>
```

　辞書には7個の単語が格納されていることを確認できます。辞書の中では各単
語は整数として表現されています。単語とこの整数の対応は属性token2idで参
照できます。

In

```
# 単語と整数の対応
print(word2int_gs.token2id)
```

Out

```
{'が': 0, '子供': 1, '走る': 2, '車': 3, 'の': 4,  ⇒
'を': 5, '脇': 6}
```

　さて、各文書にそれぞれの単語が出現する回数をカウントします。まず、
Dictionaryクラスのdoc2bowメソッドは、文書に現れる単語のリストを入力す
ると、単語を表す整数とその出現回数をタプルのリストとして返します。例えば、
1番目の文書の単語のリストを入力すると、以下の結果が返されます。

In

```
# 1番目の文書に含まれる単語の出現回数をカウント
print(word2int_gs.doc2bow(words_list[0]))
```

Out

```
[(0, 1), (1, 1), (2, 1)]
```

　結果の見方について説明します。返されたリストの最初の要素である「(0, 1)」
は単語0（'が'）が1回出現したことを表しています。同様にして「(1, 1)」は単
語1（'子供'）が1回、「(2, 1)」は単語2（'走る'）が1回出現したことを意味し
ています。

doc2bowメソッドは、1つの文書に現れる単語のリストを入力としていました。そのため、複数の文書に対してはこのメソッドを文書分だけ繰り返し適用する必要があります。doc2bowメソッドを用いて複数の文書のBoWを計算し、最終的に文書×単語の行列を生成するには、gensimライブラリのmatutilsモジュールのcorpus2dense関数を使用します。

In

```python
import numpy as np
from gensim import matutils
# Bag of Wordsを計算し、文書×単語の行列を生成
bow_gs = np.array(
            [matutils.corpus2dense(
                [word2int_gs.doc2bow(words)],
                num_terms=len(word2int)).T[0]
                for words in words_list]
        ).astype(int)
print(bow_gs)
```

Out

```
[[1 1 1 0 0 0 0]
 [1 0 1 1 0 0 0]
 [1 1 1 1 1 1 1]]
```

In

```python
# pandasのDataFrameに変換
bow_gs_df = pd.DataFrame(bow_gs,
                         columns=list(word2int_gs.
                         values()))
bow_gs_df
```

Out

	が	子供	走る	車	の	を	脇
0	1	1	1	0	0	0	0
1	1	0	1	1	0	0	0
2	1	1	1	1	1	1	1

● scikit-learnを用いた計算

scikit-learnのfeature_extraction.text.CountVectorizerクラスを用いても BoWを計算できます。このクラスを用いてBoWを計算するには、単語をスペース区切りで並べた文を生成する必要があります。

In

```
# 単語をスペース区切りで並べた文を生成
words_split = np.array([' '.join(words)
                                 for words in words_list])
print(words_split)
```

Out

```
['子供 が 走る' '車 が 走る' '子供 の 脇 を 車 が 走る']
```

CountVectorizerをインスタンス化し、fit_transformメソッドに上記で生成した文のリスト（words_split）を入力します。fit_transformメソッドの戻り値は疎行列（大多数の要素が0となる行列）のデータ形式になっているので、 toarrayメソッドにより通常のNumPy配列に変換します。

In

```
from sklearn.feature_extraction.text import ➡
CountVectorizer

# Bag of Wordsを計算
vectorizer = CountVectorizer(
                        token_pattern=u'(?u)\\b\\w+\\b')
bow_vec = vectorizer.fit_transform(words_split)

# NumPy配列に変換
bow_vec.toarray()
```

Out

```
array([[1, 0, 0, 1, 0, 1, 0],
       [1, 0, 0, 0, 0, 1, 1],
       [1, 1, 1, 1, 1, 1, 1]])
```

BoWを表す行列の各列が対応する単語を調べるには、CountVectorizerクラ

スの get_feature_names_out メソッドを使用します。

```
vectorizer.get_feature_names_out()
```

```
array(['が', 'の', 'を', '子供', '脇', '走る', '車'], ⇒
dtype=object)
```

5.2.4 TF-IDF

先ほど説明したBoWは、各文書でそれぞれの単語が出現する回数をカウントしていました。この方法は、すべての文書に出現する単語と、一部の文書にしか出現しない単語を区別することができません。

TF-IDF（Term Frequency-Inverse Document Frequency）は、すべての文書に出現する単語と、一部の文書にしか出現しない単語を区別するための方法を提供します。そのために、カウントされた単語の出現回数に重みを付けます。

◉ 直感的な説明

TF-IDFの「TF」はTerm Frequencyの略で、ある1つの文書の1つの単語に対して定まる指標です。TFは、「1つの文書の中に現れる全単語の合計出現回数のうち、1つの単語がどれだけの割合で出現したか」を定量化する指標です。例えば、「子供が走る」という文書に対して、形態素解析の結果、「子供」「が」「走る」と分解され、それぞれの単語が1回ずつ出現しています。従って、例えば「子供」のTFは $\frac{1}{3}$ と計算されます。

一方、TF-IDFの「IDF」はInverse Document Frequencyの略で、1つの単語に対して定まる指標です。IDFは、「ある単語が出現する文書が文書全体の中でどのくらいの割合を占めていたか」を定量化する指標です。実際はこの割合の逆数に対数をとるため、IDFはその単語が文書全体ではなく一部の文書にしか現れなかった度合いを計っています。例えば、先に取り上げた3つの文章のうち、「脇」という単語は「子供の脇を車が走る」という文書にしか現れません。したがって、IDFは $\log \frac{3}{1} = \log 3$ と計算されます。

　TF-IDFはTFとIDFの掛け算で定義されます。つまり、TF-IDF=TF×IDFです。TFが1つの文書の中での単語の出現頻度を表し、IDFが文書全体の中におけるその単語の出現しにくさを表していることを考えると、TF-IDFは以下の条件の時に、高い値をとることがわかります。

- 対象とする単語が1つの文書の中で大量に出現する
- しかし、その単語は文書全体で頻繁に現れるわけではなく、一部の特定の文書にしか現れない

　つまり、TF-IDFが高くなるのは一部の特定の文書にしか現れない単語が、1つの文書の中で大量に出現する時です。TF-IDFを用いることにより、ある特定の文書で多く現れて、かつ他の文書ではあまり現れない単語を定量的に表現することが可能になります。

◉ 数式による説明

　以上で説明したTF-IDFを数式を用いて説明します。以下では、文書 d で単語 t が出現する回数を $n_{d,t}$、単語 t が出現する文書数を df_t、全体の文書数を N、単語数を T とします。

　TF-IDFは以下の式で定義されます。

$$\text{TF-IDF}_{d,t} = \text{TF}_{d,t} \times \text{IDF}_t \tag{5.1}$$

続いて、TFとIDFの計算方法について説明します。

　TFは、文書 d で出現する単語の合計出現回数のうち、単語 t が出現する割合として定義されます。従って、TFは以下の式で定義されることになります。

$$\text{TF}_{d,t} = \frac{n_{d,t}}{\displaystyle\sum_{t=1}^{T} n_{d,t}} \tag{5.2}$$

　IDFは、単語 t が出現する文書数 df_t の全体の文書数 N に対する割合の逆数に対して、対数をとったものとして定義されます。したがって、IDFは以下の式で定義されることになります。

$$\text{IDF}_t = \log \frac{N}{df_t} \tag{5.3}$$

◉ scikit-learnを用いた計算

　以上がTF-IDFの基本事項ですが、ここで説明するscikit-learnのfeature_

extraction.textモジュールのTfidfTransformerクラスではTFは次式のように、各文書の単語の出現回数として定義されていることに注意してください。

$$\text{TF}_{d,t} = n_{d,t} \tag{5.4}$$

また、IDFの計算方法が複数提供されています。さらに、TFとIDFが求められた後のTF-IDFの計算方法にも少し工夫が施されています。IDFの計算後には正規化の処理も行っています。

scikit-learnのfeature_extraction.textモジュールのTfidfTransformerクラスでは、IDFの計算方法として、インスタンスを生成する時に、引数use_idf=Trueと指定することにより式（5.3）ではなく式（5.5）により計算することも可能です。この式は、IDFの計算において対数の真数（対数をとる前の値）の分母と分子のそれぞれの値にそれぞれ1を加えています。分母に1を加えるのは、すべての単語で0以外の値となるようにして、いわゆるゼロ除算により計算結果が不定、不能になることを回避するためです。それに合わせて分子も1を加えています。

$$\text{IDF}_t = \log \frac{N+1}{df_t+1} \tag{5.5}$$

また、TF-IDFの計算においては、IDFに1を足す方法をとることもできます。1を足しているのは、すべての文に出現する単語（IDFが0になる単語）も完全には無視しないように補正するためです。これはTfidfTransformerクラスのインスタンスを生成する時に、引数smooth_idf=Trueと指定することにより行います。

$$\text{TF-IDF}_{d,t} = \text{TF}_{d,t} \times (\text{IDF}_t + 1) \tag{5.6}$$

さらに、計算されたTF-IDFを正規化する処理を行います。正規化の方法として、ここではデフォルトのL2正規化（それぞれの文書に対して、各単語のTF-IDFをすべての単語のTF-IDFの2乗を足し合わせて平方根をとった値で割る）を使用します。デフォルトのL2正規化を行った結果、TF-IDFを正規化したTF-IDF normalizedは次の式で表せます。

$$
\begin{aligned}
\text{TF-IDF normalized} \\
&= \frac{\text{TF-IDF}_{d,t}}{\sqrt{(\text{TF-IDF}_{d,1})^2 + (\text{TF-IDF}_{d,2})^2 + \cdots + (\text{TF-IDF}_{d,T})^2}} \\
&= \frac{\text{TF-IDF}_{d,t}}{\sqrt{\sum_{j=1}^{T}(\text{TF-IDF}_{d,j})^2}}
\end{aligned}
\tag{5.7}
$$

● TF-IDFの計算

　実際にTF-IDFを計算してみましょう。BoWの説明の最後でgensimライブラリを用いて作成した各文書に出現する単語の頻度を保持するデータを改めて確認します。

In

```
bow_gs_df
```

Out

	が	子供	走る	車	の	を	脇
0	1	1	1	0	0	0	0
1	1	0	1	1	0	0	0
2	1	1	1	1	1	1	1

　まずTFの計算を行います。これは、各行の単語の総出現回数を表すので、以前にBoWを計算して得られた変数bow_gsをそのまま使用します。

In

```
# TFとしてBoWを使用
tf = bow_gs
print(tf)
```

Out

```
[[1 1 1 0 0 0 0]
 [1 0 1 1 0 0 0]
 [1 1 1 1 1 1 1]]
```

　次にIDFの計算を行います。これは、各単語が出現した文書数の全体に対する割合の逆数に対数をとった式（5.5）として表されるので、次のように計算できます。

In

```
# IDFを計算
idf = np.log((bow_gs.shape[0] + 1)/
             (np.sum(bow_gs, axis=0, keepdims=0) + 1))
print(idf)
```

```
[0.          0.28768207 0.          0.28768207
 0.69314718 0.69314718 0.69314718]
```

以上によりTF-IDFは以下のように計算されます。

In

```
# TF-IDFを計算
tf_idf = tf * (idf + 1)
tf_idf_normalized = tf_idf / np.sqrt(np.sum(tf_idf**2,
                                 axis=1, keepdims=True))
print(tf_idf_normalized)
```

Out

```
[[0.52284231 0.67325467 0.52284231 0.          0.
  0.          0.          ]
 [0.52284231 0.          0.52284231 0.67325467 0.
  0.          0.          ]
 [0.26806191 0.34517852 0.26806191 0.34517852 0.45386827
  0.45386827 0.45386827]]
```

以上の結果を見ると、例えば以下のことが読み取れます。

- 2列目（形態素＝「子供」）に着目すると、TF-IDFは1行目の文書は0.67325467、2行目の文書は0、3行目の文書は0.34517852となっている。
- 1行目の文書で「子供」のTF-IDFが相対的に高いのは、元の文を見ると妥当な結果であると考えられる。これは「子供」は1行目と3行目の文書で1回ずつしか出現しないため、相対的にTF-IDFの値が大きくなったからである。

◎ scikit-learnを用いた計算

scikit-learnのfeature_extraction.textモジュールのTfidfTransformerクラスを用いてTF-IDFを計算することができます。TfidfTransformerクラスをインスタンス化し、fit_transformメソッドを適用します。インスタンス化の際は、引数use_idf=True、smooth_idf=Trueを指定して、式（5.5）にしたがってTF-IDFを計算しています。また、引数norm='l2'と指定して、TF-IDFに対してL2正規化を行っています。

In

```
from sklearn.feature_extraction.text import ➡
TfidfTransformer
# TfidfTransformerクラスをインスタンス化
tfidf = TfidfTransformer(use_idf=True, norm='l2',
                         smooth_idf=True)
# TF-IDFを算出
print(tfidf.fit_transform(bow_gs).toarray())
```

Out

```
[[0.52284231 0.67325467 0.52284231 0.          0.
  0.          0.          ]
 [0.52284231 0.          0.52284231 0.67325467 0.
  0.          0.          ]
 [0.26806191 0.34517852 0.26806191 0.34517852 0.45386827
  0.45386827 0.45386827]]
```

得られた結果を見ると、scikit-learnを用いずに計算した結果と一致している
ことを確認できます。

🔵 5.2.5 極性判定

いままでに説明してきたことの応用として、文書の極性判定を行います。極性
判定とは、それぞれの文書が肯定的（ポジティブ）か否定的（ネガティブ）かを
判定するタスクです。

ここでは、夏目漱石「吾輩は猫である」の文章を使います。urllib.request.
urlopen関数を用いて青空文庫のzipファイルをバイト型のデータとして読み込
んだ後に、「吾輩は猫である」のファイル名を指定してテキストを読み込みます。

●青空文庫
URL https://www.aozora.gr.jp/

In

```
import io
import zipfile
import urllib.request
```

```
# 青空文庫「吾輩は猫である」のファイルを読み込む
with urllib.request.urlopen('https://www.aozora.gr.jp/ ➡
cards/000148/files/789_ruby_5639.zip') as r:
    data = r.read()  # zipファイルをバイト型で読み込む
    with zipfile.ZipFile(io.BytesIO(data), 'r') as zipdata:
        with zipdata.open(zipdata.namelist()[0], 'r') as f:
            text = f.read()  # テキストファイルを読み込む
            text = text.decode('shift_jis')  # shift-jisでデコード
```

続いて、reライブラリを使用して正規表現を用いることにより、ルビや注釈等
を除去します。

In

```
import re
# ルビ、注釈、改行コード等を除去
text = re.split(r'\-{5,}', text)[2]
text = text.split('底本：')[0]
text = re.sub(r'《.+?》', '', text)
text = re.sub(r'[#.+?]', '', text)
text = text.strip()
```

In

```
# 空白文字などを除去
text = text.replace('\u3000', '')
# 改行コードを除去
text = text.replace('\r', '').replace('\n', '')
# 「。」を区切り文字として分割
sentences = text.split('。')
print(sentences[:5])
```

Out

```
['一吾輩は猫である', '名前はまだ無い', 'どこで生れたかとんと見当が ➡
つかぬ', '何でも薄暗いじめじめした所でニャーニャー泣いていた事だけは ➡
記憶している', '吾輩はここで始めて人間というものを見た']
```

続いて、MeCabを用いて形態素解析を実行します。その結果、各単語の原形
を抽出してリストに格納します。

In

```
import MeCab

words_list = []

# 各文に形態素解析を実行
t = MeCab.Tagger('-Ochasen')
# 各文書に対して処理を反復 ( 最後の要素は単語がないため除外 )
for sentence in sentences[:-1]:
    sentence_parsed = t.parse(sentence)
    word_s = []
    # 各文書に現れる単語のリストに対して処理を反復
    for line in sentence_parsed.splitlines()[:-1]:
        word_s.append(line.split('\t')[2])
    words_list.append(word_s)

print(words_list[:10])
```

Out

```
[['一', '吾輩', 'は', '猫', 'だ', 'ある'], ['名前', ➡
'は', 'まだ', '無い'], ['どこ', 'で', '生れる', 'た', ➡
'か', 'とんと', '見当', 'が', 'つく', 'ぬ'], ['何', ➡
'でも', '薄暗い', 'じめじめ', 'する', 'た', '所', 'で', ➡
'ニャーニャー', '泣く', 'て', 'いた事', 'だけ', 'は', '記憶', ➡
'する', 'て', 'いる'], ['吾輩', 'は', 'ここ', 'で', ➡
'始める', 'て', '人間', 'という', 'もの', 'を', '見る', ➡
'た'], ['しかも', 'あと', 'で', '聞く', 'と', 'それ', 'は', ➡
'書生', 'という', '人間', '中', 'で', '一番', '｜', ➡
'獰悪', 'だ', '種族', 'だ', 'ある', 'た', 'そう', 'だ'], ➡
['この', '書生', 'という', 'の', 'は', '時々', '我々', ➡
'を', '捕える', 'て', '煮る', 'て', '食う', 'という', ➡
'話', 'だ', 'ある'], ['しかし', 'その', '当時', 'は', ➡
'何', 'という', '考', 'も', 'ない', 'た', 'から', '別段', ➡
'恐い', 'いとも', '思う', 'ない', 'た'], ['ただ', '彼', ➡
'の', '掌', 'に', '載せる', 'られる', 'て', 'スー', 'と', ➡
'持ち上げる', 'られる', 'た', '時', '何だか', 'フワフワ', ➡
'する', 'た', '感じ', 'が', 'ある', 'た', 'ばかり', 'だ', ➡
'ある'], ['掌', 'の', '上', 'で', '少し', '落ちつく', ➡
'て', '書生', 'の', '顔', 'を', '見る', 'た', 'の', ➡
```

'が', 'いわゆる', '人間', 'という', 'もの', 'の', '見る', ➡
'始', 'だ', 'ある', 'う']] ➡

　抽出した単語が肯定的であるか否定的であるかを判定するために、ここでは東北大学旧乾・岡崎研究室（現在は乾・鈴木研究室）が提供している「日本語評価極性辞書」[※1]を使用することにします。以下のようにこの辞書を読み込みます。

In

```
# 日本語評価極性辞書を読み込む
with urllib.request.urlopen('http://www.cl.ecei.tohoku. ➡
ac.jp/resources/sent_lex/wago.121808.pn') as f:
    text_wago = f.read().decode('utf-8')
```

　pandasのread_csv関数で辞書をDataFrameとして読み込んでみましょう。

In

```
# DataFrameとして読み込む
wago = pd.read_csv(io.StringIO(text_wago),
                                header=None, sep='\t')
wago.head(3)
```

Out

	0	1
0	ネガ（経験）	あがく
1	ネガ（経験）	あきらめる
2	ネガ（経験）	あきる

　読み込まれた辞書は2列目に単語が、1列目にその単語がポジティブであるかネガティブであるかを表すラベルが付与されています。このラベルは次の4種類あります。

※1　日本語評価極性辞書（用言編）ver.1.0（2008年12月版）/ Japanese Sentiment Dictionary (Volume of Verbs and Adjectives) ver. 1.0
　　著作者：東北大学 乾・岡崎研究室 / Author（s）：Inui-Okazaki Laboratory, Tohoku University
　　参考文献：小林のぞみ，乾健太郎，松本裕治，立石健二，福島俊一．意見抽出のための評価表現の収集．自然言語処理，Vol.12, No.3, pp.203-222, 2005. / Nozomi Kobayashi, Kentaro Inui, Yuji Matsumoto, Kenji Tateishi, Toshikazu Fukushima. Collecting Evaluative Expressions for Opinion Extraction, Journal of Natural Language Processing 12（3）, 203-222, 2005.

- ポジ（経験）
- ポジ（評価）
- ネガ（経験）
- ネガ（評価）

ここでは「ポジ（経験）」と「ポジ（評価）」のラベルが付いた単語は肯定的、「ネガ（経験）」と「ネガ（評価）」は否定的と捉えることにします。そして、前者の単語のスコアとして1を、後者の単語には-1を付与します。単語とスコアを対応させる辞書を作成します。

In

```python
# 単語とスコアを対応させる辞書を作成
word2score = {}
values = {'ポジ（経験）': 1, 'ポジ（評価）': 1,
          'ネガ（経験）': -1, 'ネガ（評価）': -1}
for word, label in zip(wago.loc[:, 1], wago.loc[:, 0]):
    word2score[word] = values[label]
```

得られた変数word2scoreの最初の3要素を確認します。

In

```python
# 最初の3要素を確認
list(word2score.items())[:3]
```

Out

```
[('あがく', -1), ('あきらめる', -1), ('あきる', -1)]
```

単語とスコアの組であることを確認できます。

次に、各文書のスコアを算出します。ここでは簡易的に文書のスコアをその中に現れる単語のスコアの合計とします。

In

```python
scores = []
# 各文書のスコアを算出
for words in words_list:
    score = 0
    # 単語が辞書に現れていればそのスコアを加算
    for word in words:
```

```
        if word in word2score:
            score += word2score[word]
    scores.append(score)
```

文書とそのスコアの対応をpandasのデータフレームに格納します。

In

```
scores_df = pd.DataFrame({'sentence': sentences[:-1],
            'score': scores}, columns=['sentence', 'score'])
scores_df.head(5)
```

Out

	sentence	score
0	一吾輩は猫である	0
1	名前はまだ無い	0
2	どこで生れたかとんと見当がつかぬ	0
3	何でも薄暗いじめじめした所でニャーニャー泣いていた事だけは記憶している	−1
4	吾輩はここで始めて人間というものを見た	0

スコアの高い文書5件を抽出します。

In

```
# スコアの降順に並べ替える
scores_df_sorted = scores_df.sort_values('score',
                                    ascending=False)
# スコアの高い文書5件を抽出
scores_df_sorted.head(5)
```

Out

	sentence	score
1428	四百六十五行から、四百七十三行を御覧になると分ります」「希臘語｜云々はよした方がいい、さも希 ...	5
453	「厭きっぽいのじゃない薬が利かんのだ」「それだってせんだってじゅうは大変によく利くよく利くと ...	5
5380	精神の修養を主張するところなぞは大に敬服していい」「敬服していいかね	4

3860	美しい？美しくても構わんから、美しい獣と見做せばいいのである	4
3871	それほど裸体がいいものなら娘を裸体にして、ついでに自分も裸になって上野公園を散歩でもするがい...	3

同様にスコアの低い文書5件を抽出します。

In

```
# スコアの低い5件を抽出
scores_df_sorted.tail(5)
```

Out

	sentence	score
7014	自殺クラブはこの第二の問題と共に起るべき運命を有している」「なるほど」「死ぬ事は苦しい、しか...	−3
7098	向うがあやまるなら特別、私の方ではそんな慾はありません」「警察が君にあやまれと命じたらどうで...	−4
6618	どうもいつまで行っても柿ばかり食ってて際限がないね」「私もじれったくてね」「君より聞いてる方...	−4
3783	こんな、しつこい、毒悪な、ねちねちした、執念深い奴は大嫌だ	−4
6687	「古人を待つ身につらき置炬燵と云われた事があるからね、また待たるる身より待つ身はつらいともあ...	−5

　以上の結果を見ると、スコアの低い文書には「困った」「あやまる」「しつこい」「執念深い」など一般的にネガティブな印象の強い単語が並んでいて直感的には納得できそうな結果となっています。一方、スコアの高い文書は「美しい」など一般的にポジティブな印象を与える単語も入っているものの、文書としては必ずしも強くポジティブな印象を与えるものばかりではありません。実用レベルの解析を行う場合は、係り受け解析や構文解析なども必要になってきます。

　以上、自然言語処理の基礎について、まず形態素解析を、次に形態素解析の結果からBoWの集計やTF-IDFなどの特徴量算出を行う方法について説明しました。そして、最後に応用として極性判定を取り上げました。

　本節ではおおまかな流れを説明するために省略しましたが、実際の解析の際には、形態素解析に使用するために専用の辞書を作成したり、BoWを集計する際に助詞を除外したりといった精度を向上させるための工夫が必要になります。

5.3 画像データの処理

画像の分類や、写っているモノの検出など、機械学習アルゴリズムが画像データ
に使われる例はよく見られます。この節では、画像データ処理の基本を紹介し
た後、機械学習アルゴリズムを使って画像を分類するコードを実行してみます。
Pythonには、画像を簡単に扱えるライブラリもありますし、画像は数値データ
の集まりだと考えることができるので、NumPyなどの知識も活用できます。

🟦 5.3.1　画像を扱う準備

　Pythonで画像を扱う方法はいくつかありますが、手軽でよく使われているラ
イブラリの1つにPillowがあります。これは、PIL（Python Image Library）と
いうライブラリから派生して、PILの後継となっているプロジェクトです。まず
は、pipコマンドを使ってインストールしておきましょう。

```
(pydataenv) % pip install pillow
```

　手元に適当な画像を用意するか、サンプルで利用するtiger.pngを含む付属
データを、P.vの「付属データのご案内」からダウンロードしてください。Pillow
は、PNGやJPEG、BMP、TIFFなど日常的に使われる多くの画像フォーマット
に対応しています。ファイルから画像を読み込むには、PIL.Imageモジュールの
open関数を使います。

In

```
from PIL import Image
sample = Image.open('tiger.png')
```

　組み込み関数typeを使うと、画像のフォーマットが認識されて、適切なオブ
ジェクトが作られているのがわかります。

In

```
type(sample)
```

Out

```
PIL.PngImagePlugin.PngImageFile
```

JupyterLab上では変数名を入力するだけで、画像を確認できます（ 図5.3 ）。

In

```
sample
```

図5.3 tiger.png

🔷 5.3.2　画像データの基本

　Pillowライブラリを使って、画像データを扱う基本的な操作を見ていくことにしましょう。

　size属性には、画像の大きさがピクセル単位で格納されています。

In

```
sample.size
```

Out

```
(660, 700)
```

　format属性とmode属性を見ると、画像のフォーマットと色の表現方法がわかります。

In

```
print(sample.format)
print(sample.mode)
```

PNG
RGBA

色表現には、主にデジタルカメラなどで撮影された写真で使われるRGB表現と、これに透明度のデータを加えたRGBA、また印刷に使われるCMYKなどがあります。

convertメソッドを使うと、画像のモード（色の表現方法）の変換ができます（図5.4）。サンプルのカラー画像をグレイスケール（白黒）の画像に変換するには、引数に大文字のLを指定します。

In

```
sample.convert('L')
```

図5.4　グレイスケール

showメソッドを使うと、利用しているPCのデフォルトで利用されるアプリケーションが起動して、画像が表示されます。

In

```
sample.show()
```

Matplotlibのメソッドを使って、画像を表示することも可能です（図5.5）。

In

```
import matplotlib.pyplot as plt
fig, ax = plt.subplots()
# imshowメソッドを使って画像を表示します。
ax.imshow(sample)
plt.show()
```

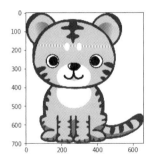

図5.5 Matplotlibを使って表示した画像

　左上の座標が (0, 0) になっており、右や下へ行くほど座標が大きくなります。画像の内部で、座標を使った位置の指定は、後ほど（P.315）利用します。

🔷 5.3.3　簡単な画像の処理

　Pillowを使って、簡単な画像処理を実行してみます。これらの処理は、画像を機械学習アルゴリズムに入力する場合にもよく用いられる方法です。

● サイズの変更

　resizeメソッドを使うと、画像のサイズを変更できます（**図5.6**）。新しいサイズを、幅と高さの順にピクセル単位で1つのタプルとして渡します。

In

```
sample.resize(size=(200, 300))
```

図5.6 画像のサイズ変更

　このように、サイズの変更はもとの画像を加工する処理なので、計算方法を変えると結果が変わります。計算方法はフィルターを変更することで変えられま

す。resampleという引数に、Pillowの中で用意されているフィルターを指定することができます。比較的単純なアルゴリズムから、計算コストがかかるものの高画質な出力を得られる方法まで、さまざまなフィルターが用意されています。詳しくは、Pillowの公式ドキュメントなどを参考にしてください。

● Image.resize

URL　https://pillow.readthedocs.io/en/stable/reference/Image.html?highlight=resize#PIL.
Image.Image.resize

デフォルトでは各ピクセルの近くしか見ない、単純なアルゴリズムが使われていますが、これをLANCZOSというフィルターに変更してみます（図5.7）。

In

```
sample.resize(size=(200, 300),
              resample=Image.Resampling.LANCZOS)
```

図5.7　フィルターの変更

デフォルトのフィルターでは、画像の縦と横の長さが変わることで線がギザギザになってしまう現象が出ていましたが、これが緩和されているのがわかると思います。Pillowのバージョンによってはresizeメソッドのデフォルトのフィルターが変更になっている場合があるので、図5.6 と 図5.7 があまり変わらない場合には、resample引数に、Image.Resampling.NEAREST を指定すると 図5.7 との違いがはっきりします。

◎ 画像の回転

機械学習を使ったアルゴリズムを実行する時、学習データの数を増やすために、画像を少し回転させた新しいデータを作ることがあります。これは、rotate

メソッドで実行できます。反時計回りに引数の角度だけ回転した画像が得られます（ **図5.8** ）。

In

```
sample.rotate(15)
```

図5.8 画像の回転

expand引数をTrueにすると、角度が変わって画角からはみ出てしまった部分も、画像データとして出力されるようになります（ **図5.9** ）。

In

```
sample.rotate(15, expand=True)
```

図5.9 回転した画像の全体を表示

● 画像の切り出し

　cropメソッドを使うと、もとの画像から一部を切り出した新しい画像を作ることができます。指定した長方形の領域が切り出されます（ **図5.10** ）。領域の指定は、左上と右下の座標をまとめて、4つの数字からなるタプルで渡します。画像

全体で見ると、左上の隅が（0，0）になります。

In

```
sample.crop((0, 0, 540, 400))
```

図5.10 画像の切り出し

● 画像の保存

　resizeメソッドやcropメソッドなどを使って加工された画像は、別のファイルとして保存することが可能です。saveメソッドにファイル名を渡します。ファイル名の拡張子を.jpgや.tiffに変更することで、保存する画像のフォーマットを変更することができます。画像のモードがCMYKになっていれば、印刷や出版の分野で使われているEPS（Encapsulated PostScript）形式での出力も可能です。

In

```
crop_img = sample.crop((0, 0, 540, 400))
crop_img.save('crop_img.png')
```

◉ 5.3.4　数値データとしての画像

　画像はピクセルごとに、白黒の階調や色のデータが保持された数値データの集まりだと考えることができます。このため、簡単な変換で画像を機械学習アルゴリズムへの入力データとすることができます。例えば、Pillowを使って読み込んだデータは、そのままNumPyのndarrayに変換できます。

In

```
import numpy as np
```

```
num_img = np.array(sample)
```

作られたndarrayのサイズを確認してみます。

In

```
num_img.shape
```

Out

```
(700, 660, 4)
```

結果は、要素が3つのタプルになっています。画像のサイズに続いて、4つの数値の組がピクセルごとに、保持されているのがわかります。

座標を指定することで、ピクセルごとにデータを取得することができます。一番左上のデータを取り出してみましょう。

In

```
num_img[0, 0]
```

Out

```
array([255, 255, 255, 255], dtype=uint8)
```

0から255までの整数の組でこの場所のピクセルデータが取り出せます。このPNGファイルは、RGBAモードなので、RGBのデータの後に、透明度が追加されて、4つの数字で1つのピクセルのデータになっています。RGBすべてのチャンネルが、255と最大になっていて、白を表現しているのがわかります。

別の場所を指定すると、色が違うことがわかります。

In

```
num_img[100, 100]
```

Out

```
array([ 99,  50,  36, 255], dtype=uint8)
```

🔷 5.3.5 機械学習を使った画像の分類

本書でここまでに学んできたscikit-learnなどを使って、実際の画像データを使った機械学習の流れを紹介します。データは、機械学習のコンペティションサイトとして有名な、Kaggleのページから取得できる、単純な図形の画像です。以下のURLもしくは本書のサポートページからデータをダウンロードできます。

● Kaggle
URL　https://www.kaggle.com/smeschke/four-shapes

ダウンロードしたデータの中のshapes.zipを展開すると、shapesディレクトリの下に、circle、square、star、triangleという4つのディレクトリができます。それぞれ、丸、四角、星、三角を表現したシンプルな白黒画像が、PNGファイル形式で格納されています。

◉ ファイルの読み込み

以下では、展開したshapesディレクトリがP.048の方法でJupyterLabにアップロードされており、かつ、shapesディレクトリに展開された画像データが保存されているものとします。pathlibモジュールを使うと、簡単にファイルの一覧を取得することができます。

In

```
from pathlib import Path
p = Path('shapes')
circles = list(p.glob('circle/*.png'))
circles[:10]
```

Out

```
['shapes/circle/0.png',
 'shapes/circle/1.png',
 'shapes/circle/10.png',
 'shapes/circle/100.png',
 'shapes/circle/1000.png',
 'shapes/circle/1001.png',
 'shapes/circle/1002.png',
 'shapes/circle/1003.png',
 'shapes/circle/1004.png',
 'shapes/circle/1005.png']
```

　なお、上記の表示は簡素化してあります。実際には、Windows系OSでは
WindowsPath、macOSを含むUnix系OSではPosixPathのインスタンスとし
て出力されます。
　ファイルを1つ読み込んで、表示してみましょう（図5.11）。

In

```
sample = Image.open(circles[0])
sample
```

図5.11 画像データの表示例

In

```
sample.size
```

Out

```
(200, 200)
```

　画像のサイズは200×200ピクセルで共通しているので、今回はresizeなどの
必要はありません。また、今回扱う画像は、256階調のグレイスケールですので、
1つのピクセルには1つの数字だけが割り当てられています。ndarrayに変換し
て、左上隅の画素のデータを確認してみます。

In

```
np.array(sample)[0, 0]
```

Out

```
255
```

● データの準備

　手元にある4つの形のデータをすべて読み込んで、学習用のデータとテスト用
のデータを作ってみましょう。形はディレクトリごとに分けてあるので、これを

ヒントに、教師ラベルを作ります。機械学習アルゴリズムの入力は、数値データの方が都合がよいので、形を表現する文字列とクラスラベルの対応を辞書として保持します。

In

```
cls_dic = {'circle': 0, 'square': 1, 'star': 2, ➡
'triangle': 3}
```

　画像データを数値に変換してできる配列は、そのままでは画像の形をした2次元の広がりを持ったデータです。これを、flattenメソッドを使って1次元のデータに変換します。画像データをX、教師ラベルをyとすると、次のようなコードで機械学習アルゴリズムの入力となるデータを準備できます。

In

```
X = []
y = []
for name, cls in cls_dic.items():
    child = p / name
    for img in child.glob('*.png'):
        X.append(np.array(Image.open(img)).flatten())
        y.append(cls)
```

In

```
len(X)
```

Out

14970

In

```
len(X[0])
```

Out

40000

　14,970枚の画像を読み込み、1つのデータは、200 × 200(=40,000) ピクセルを1次元のベクトルにしたものであることがわかります。

　データを学習用とテスト用に分けておきましょう。train_test_splitを使います。問題が簡単なので95%をテストデータにして、5%だけを学習データにしてみます。

In

```
from sklearn.model_selection import train_test_split
X_train, X_test, y_train, y_test = train_test_split(
                    X, y, test_size=0.95, random_state=123)
```

◉ モデルの作成と評価

　ここまで来れば、後は画像ではないデータに対する機械学習アルゴリズムの適用と手順は同じです。今回は、ランダムフォレストを利用して、学習モデルを作ってみます。もちろん、分類に使えるモデルであれば別の方法を使っても構いません。

In

```
from sklearn.ensemble import RandomForestClassifier
rf_clf = RandomForestClassifier(random_state=123)
rf_clf.fit(X_train, y_train)
```

Out

```
RandomForestClassifier(random_state=123)
```

　テスト用にとっておいたデータの形を予測してみましょう。predという変数に格納しておきます。

In

```
pred = rf_clf.predict(X_test)
```

　classification_reportを使ってモデルの性能を評価してみます。

In

```
from sklearn.metrics import classification_report
print(classification_report(y_test, pred))
```

	precision	recall	f1-score	support
0	1.00	1.00	1.00	3534
1	1.00	1.00	1.00	3578
2	1.00	1.00	1.00	3580
3	1.00	1.00	1.00	3530
accuracy			1.00	14222
macro avg	1.00	1.00	1.00	14222
weighted avg	1.00	1.00	1.00	14222

　高い精度で、描かれている形を予測できています[2]。

　Pillowを使った簡単な画像の処理と、画像データを使った機械学習アルゴリズムの実行例を紹介しました。

　写真に何が写っているかを分類するようなもっと複雑な問題では、深層学習（ディープラーニング）などのより高度な機械学習アルゴリズムが使われます。ただ深層学習（ディープラーニング）も正確な教師データがなければ、その性能を発揮することはできません。人海戦術で、膨大な画像データに何が写っているかのラベルを付与したデータが、いくつか公開されています。中でもImageNetは有名です。また、Kaggleにもいろいろな画像データがあります。興味のある方は、実際のデータに触れて、さらに機械学習アルゴリズムの学習を進めていくとよいでしょう。

● ImageNet

URL　http://www.image-net.org/

---

[2]　ここで利用した4つの図形のデータを扱っているKaggleの課題は、これらの画像を教師データとして、動画の中から4つの形を識別できるモデルを作るという、もっと難しい課題です。

MEMO

オープンソースソフトウェアから受ける恩恵

この本で解説している Python を使ったデータ分析には、さまざまな種類のソフトウェアが必要です。Python だけではなく JupyerLab、Matplotlib、NumPy、pandas、scikit-learn はそれぞれ別々のソフトウェア開発プロジェクトです。これらのソフトウェアは、オープンソースソフトウェアとして開発されています。オープンソースソフトウェアは、ソフトウェアの利用やソースコードの閲覧、改変、再頒布にほとんど制限がないという特徴があります。オープンソースソフトウェアには、特徴の異なるいくつかのライセンスが存在します。例えば、コピーレフトという考え方に基づいたライセンスには少し注意が必要です。GNU General Public License（GNU GPL）はコピーレフトの代表例です。このライセンスでは、ソフトウェアに対する自由を、そのソフトウェアを利用して作られた二次的な著作物にも強制します。GNU GPL のソフトウェアを使って自分がソフトウェアを作って公開する場合、コピーレフトのライセンスを踏襲してソースコードを公開する必要があるわけです。こうすることでソフトウェアの自由がずっと続くという意味では優れたライセンスだと言えます。コピーレフトの要素を持たず、二次的な著作物のライセンスに自由を持たせた、BSD ライセンスや MIT ライセンスなどもあります。

ほとんどのオープンソースソフトウェアは、ボランティアのプログラマによって支えられています。本業で給料を稼ぐ一方、仕事以外の時間にソフトウェア開発に参加しています。大規模なプロジェクトでは、財団（Foundation）を組織して知的財産の管理や財政的な基盤を安定させている場合もあります。Python では Python Software Foundation（PSF; https://www.python.org/psf/）がこの役割を担っています。PSF には個人でも簡単に寄附をすることができます。Python 製の Web フレームワークとして有名な Django（ジャンゴ）にも、Django Software Foundation（https://www.djangoproject.com/foundation/）があります。いくつかのソフトウェアプロジェクトをまとめてサポートする試みもあります。NumFOCUS（https://numfocus.org/）は、科学計算の分野で使われるオープンソースソフトウェアを支援するプロジェクトです。この本で利用しているライブラリのほとんどは NumFOCUS の支援を受けています。NumFOCUS も Web サイトで寄附を受け付けています。

営利企業の全面的な支援のもとで開発が進むオープンソースソフトウェアもあります。通常のオープンソースソフトウェアと同じように誰でも開発に参加できますが、開発者の多くはそのプロジェクトを支援している企業の社員になります。JavaScript を利用したインタラクティブな可視化が可能なライブラリである Plotly は、カナダに本拠地を置く Plotly 社が開発を支援するソフトウェアプロジェクトです。Plotly 社は少ないコードでデータ分析用の Web アプリを構築できる Dash も開発しています。これらのソフトウェアは無償で利用できます。Plotly 社は Dash 製アプリを各種クラウドサービスで公開するための Dash Enterprise の提供などで収益を得ているようです。

Anacondaはデータ分析用ライブラリに特化したPythonの配布形態の1つです。米国に本拠地を置くAnaconda社が開発を主導しています。本書で利用したライブラリのほとんどが同梱されているため、1回のインストールでデータ分析のための環境が整うので便利です。かつてはAnacondaを誰でも無料で利用することができましたが、2020年の4月にライセンスに関する変更が発表され、大規模な組織での利用は有償となりました。当時Anacondaはかなり人気のソフトウェアになっていて、Pythonのpipに相当する独自のcondaコマンドを実行すると、応答にかなり時間がかかるようになっていました。ライセンスの変更は、こうした状況を改善するための措置だったと思われますが、1つの営利企業が主導するソフトウェアプロジェクトの場合、突然の方針転換が起こり得るので心構えが必要かもしれません。

Pythonを使ったデータ分析だけではなく、コンピュータを使った活動にオープンソースソフトウェアは欠かせない存在になりました。急速に発展するこれらのソフトウェアを最大限利用することで、ビジネスや科学技術研究が加速していることは間違いありません。ボランティアのプログラマとして開発に参加するには高度なスキルが必要になりますが、別の形でプロジェクトに貢献することも可能です。多くのプロジェクトはGitHubにリポジトリがあります。GitHub Sponsorsを使うと開発コミュニティに金銭的な援助ができます。ソフトウェアを使用している最中に予期せぬ挙動に出会い、少し調べてバグだと思ったらそれを報告することもプロジェクトへの貢献になります。オープンソースソフトウェアから受けた恩恵を、1人1人が開発コミュニティへ返す努力をすることで、社会全体でこうしたソフトウェアプロジェクトを支えていく風潮が芽生えてくることが期待されます。

EXAMINATION Pythonデータ分析試験について

　本書は、Pythonエンジニア育成推進協会が実施している、「Python 3 エンジニア認定データ分析試験」の主教材となっています。

　本試験では、Pythonを使ったデータ分析の基礎的な知識を問うています。なお、試験はCBT形式で通年行われています。

　試験範囲は本書の1章から4章までです。詳細な試験範囲は以下のURLに記載しています。

　URL https://www.pythonic-exam.com/exam/analyist

◯ 試験概要（資格概要）

・試験概要

試験名称：Python 3 エンジニア認定データ分析試験（英名：Python 3 Certified Data Analyst Examination）

資格名：Python3 エンジニア認定データ分析試験合格者（英名：Python 3 Data Analyst Certification）

概要：Pythonを使ったデータ分析の基礎や方法を問う試験

問題数：40問（すべて選択問題）

合格ライン：正答率70%

試験センター：全国のオデッセイコミュニケーションズCBTテストセンター

・受験方法

受験日：通年

試験センター：全国のオデッセイコミュニケーションズCBTテストセンター

受験料金：1万円（税別）　学割5千円（税別）

　URL http://cbt.odyssey-com.co.jp/pythonic-exam.html

※申込み方法や受験方法に関してのご質問は、オデッセイコミュニケーションズへ直接お問い合わせください。

REFERENCES **参考文献**

『Python チュートリアル』(https://docs.python.org/ja/3/tutorial/index.html)
Python の公式ドキュメントに付属するチュートリアルです。網羅的に Python を学ぶことができます。

『線型代数入門』(東京大学出版会)
1966年に刊行された大学初等レベルの線形代数の教科書です。次元縮約などに使われている数学を理解するためには、この本に書かれている基礎を習得する必要があります。

『本質から理解する 数学的手法』(裳華房)
その数学にどのような意味があるのか?また、本質はどこにあるのか?に重点をおいて解説してくれている本です。特に、微分に関しては、何を意味しているのかがわかりやすく書かれているので、なぜ解析学が重要なのかを理解できると思います。

『完全独習 統計学入門』(ダイヤモンド社)
10万部突破も頷ける、統計入門書の決定版です。非常にわかりやすく、随所に筆者の工夫が光る構成になっているので、はじめて統計学を学ぶ時にもおすすめの1冊です。

『Pythonで理解する統計解析の基礎』(技術評論社)
統計解析の基本から少し発展的な内容までを、Python のコードを使って学ぶことができる本です。不偏分散の話なども含まれているので、プログラミングができて、本格的に統計を学びたい人にはぴったりの1冊です。

『意味がわかれば数学の風景が見えてくる』(ベレ出版; 改訂合本版)
数学の各分野の話題について、オムニバス形式でわかりやすい解説が載っています。分野ごとにおおまかなまとまりはありますが、どこから読んでも楽しめて、図表が多いことも理解の助けになります。

『マスペディア 1000』(ディスカヴァー・トゥエンティワン)
読む数学事典と言うコンセプトのもとに、数学の各分野に関する話題を事典形式で網羅しています。わからない用語を調べるだけでなく、何となく開いて読むだけでも楽しくなれる1冊です。

『改訂版 Python ユーザのための Jupyter [実践] 入門』(技術評論社)
JupyterLabの使い方と、Matplotlibでの可視化を中心に紹介した書籍です。Matplotlibでのグラフ描画について、基本的な使い方だけでなくより詳細に表示を調整する方法について紹介しています。

『Python データサイエンスハンドブック』(オライリージャパン)
本書籍で利用しているツールと同一の構成で説明されている書籍です。機械学習の章はアルゴリズムについての詳細な説明もされている、読み応えのある1冊です。

『Pythonではじめる機械学習』(オライリージャパン)
Python で機械学習を始めるのに適した一冊です。教師あり学習(分類、回帰)、教師なし学習(前処理、次元削減等)、特徴量を構築する方法(特徴量エンジニアリング)、機械学習のモデルの構築・評価の方法などが丁寧に説明されています。

『Python機械学習プログラミング 第3版』(インプレス)
機械学習の入門書の後に適した書籍です。分類、回帰、次元削減、クラスタリング、前処理等のアルゴリズムや実行方法はもとより、機械学習のモデルの評価方法やハイパーパラメータのチューニング、アンサンブル学習などについても詳しく説明されています。最後には深層学習(ディープラーニング)についても説明があります。

『NumPy Reference』(https://numpy.org/doc/stable/reference/index.html)
NumPy の公式リファレンスです。(英語)

『pandas 公式ドキュメント』(https://pandas.pydata.org/pandas-docs/stable/index.html)
pandas の公式ドキュメントです。(英語)

『Matploblib User's Guide』(https://matplotlib.org/stable/users/index.html)
Matploblib の公式ユーザガイドです。(英語)

『scikit-learn User Guide』(https://scikit-learn.org/stable/user_guide.html)
scikit-learn の公式ユーザガイドです。(英語)

PROFILE

著者プロフィール

寺田 学（てらだ　まなぶ）　第1章、第4章1節、第4章2節を担当

Python Web関係の業務を中心にコンサルティングや構築を手がけている。2010年から国内の
Pythonコミュニティに積極的に関わり、PyCon JPの開催に尽力した。OSS関係コミュニティを主
宰またはスタッフとして活動中。最近は自身のPodcast「terapyon channel」で各種情報を発信中。
『スラスラわかるPython第2版(2021翔泳社)』を監修、『機械学習図鑑(2019翔泳社)』などを共著。
主な所属
(株) CMSコミュニケーションズ　代表取締役 https://www.cmscom.jp
一般社団法人PyCon JP Association 代表理事 http://www.pycon.jp
一般社団法人Pythonエンジニア育成推進協会 顧問理事 https://www.pythonic-exam.com
Plone Foundation Ambassador https://plone.org
PSF(Python Software Foundation) Fellow https://www.python.org/psf/
国立大学法人一橋大学 社会学研究科地球社会研究専攻　客員准教授

辻 真吾（つじ　しんご）　第3章、第5章3節を担当

1975年生まれの東京都足立区出身。大学院を修了後、ITベンチャーに勤務するも、3年弱で退職。
博士課程に戻り、バイオインフォマティクスの研究に従事。現在、東京大学先端科学技術研究セ
ンターに所属。2015年からStart Python Clubを主宰し、誰でも気軽に参加できる「みんなの
Python勉強会」を月1回のペースで開催している。著書に『Pythonスタートブック増補改訂版
(2018 技術評論社)』、共著書に『ゼロからはじめるデータサイエンス入門 (2021 講談社)』。美味
しい料理とお酒が好き。
web: www.tsjshg.info

鈴木 たかのり（すずき　たかのり）　第2章、第4章3節、第5章1節を担当

部内のサイトを作るためにZope/Ploneと出会い、その後必要にかられてPythonを使い始める。
PyCon JPでは2011年1月のPyCon mini JPからスタッフとして活動し、2014年-2016年のPyCon
JP座長。他の主な活動は、Pythonボルダリング部 (#kabepy) 部長、Python mini Hack-a-thon
(#pyhack) 主催など。
共著書／訳書に『Python実践レシピ (2021 技術評論社刊)』『最短距離でゼロからしっかり学ぶ
Python入門 (必修編・実践編) (2020 技術評論社刊)』『いちばんやさしいPythonの教本 第2版
(2020 インプレス刊)』『いちばんやさしいPython機械学習の教本 (2019 インプレス刊)』『Python
プロフェッショナルプログラミング 第3版 (2018 秀和システム刊)』などがある。
趣味は吹奏楽とレゴとペンシルパズル。
主な所属
一般社団法人PyCon JP Association 副代表理事
株式会社ビープラウド 取締役 / Python Climber
facebook: takanory.net
web: slides.takanory.net
twitter: @takanory

福島 真太朗（ふくしま　しんたろう）　第4章4節、第5章2節を担当

大学院の時はC言語やC++を用いて非線形力学系の数値計算を行っていたが、社会人になり機械
学習、データ解析の仕事を始め、Python(とR)に出会う。現在、PythonやJuliaを用いてクルマ
から収集される運転操作や車両挙動の時系列センサーデータ、画像データ、工場のセンサーデー
タ、物性・材料データなどの解析を行っている。また、産業技術総合研究所「機械学習品質マネ
ジメントガイドライン」の検討委員として、機械学習の品質管理・保証の研究開発にも従事して
いる。博士（情報理工学)。
著書に『データ分析プロセス (2015 共立出版)』、『データサイエンティスト養成読本 機械学習入
門編 (2015 技術評論社)』(分担執筆) など多数、また監訳書に『[第3版] Python機械学習プロ
グラミング (2020 インプレス)』がある。
twitter: @sfchaos

装丁・本文デザイン	大下 賢一郎
装丁写真	iStock.com/Rach27
編集・DTP	リブロワークス
校正協力	佐藤 弘文

Pythonによるあたらしいデータ分析の教科書 第2版

2022年10月24日　初版第1刷発行
2023年 8月 5日　初版第3刷発行

著　者	寺田学（てらだ・まなぶ）、辻真吾（つじ・しんご）、鈴木たかのり（すずき・たかのり）、福島真太朗（ふくしま・しんたろう）
発行人	佐々木幹夫
発行所	株式会社翔泳社（https://www.shoeisha.co.jp）
印刷・製本	株式会社ワコープラネット

©2022 Manabu Terada、Shingo Tsuji、Takanori Suzuki、Shintaro Fukushima

ISBN978-4-7981-7661-1
Printed in Japan